ならべてくらべる絶滅と進化の動物史

我祖上的怪亲戚

灭绝与进化的
动物图鉴

[日]川崎悟司 —— 著

吴勐 —— 译

海峡出版发行集团 | 海峡书局
THE STRAITS PUBLISHING & DISTRIBUTING GROUP

要说动物园里最受欢迎的动物，肯定要数长颈鹿、大象、狮子、熊猫这些了吧。像它们这样"活在当下"的动物，我们称为现生动物。在动物园中，你能见到从世界各地而来、齐聚一堂的现生动物。再去看看恐龙图鉴。在恐龙图鉴上人气最高的是霸王龙和三角龙，古生物图鉴上那些早在地球冰河期就已经灭绝的哺乳动物你一定也不陌生，比如猛犸、刃齿虎，等等。早已灭绝的恐龙，还有冰河期的哺乳动物，它们都是人类历史开始前就已经存在的动物，人们只能通过埋在地层中的化石得知它们的存在，而无法像观察现生动物那样，看到它们的日常生活。像这样的动物，我们称为古生物。古生物在远古时期的地球上确实生存过，可如今我们只能从岩石的痕迹中获得它们的信息。现生动物和古生物大相径庭，所以动物图鉴一般也就分为现生动物图鉴、古生物图鉴或者恐龙图鉴这几类，加以区别。

不过在本书中，我并不会将生物分为现生动物和古生物。我会将它们合并起来讲解。比如长颈鹿，大家熟知的脖子长长的现代长颈鹿，还有远古时期，长得和小鹿差不多的长颈鹿亲戚，都会在我的故事中登场。另外，今天的地球生机盎然，各种各样的生物和谐共处，这种生物的多样性，是和已经不复存在的无数古生物不断进化、灭绝的历史分不开的。为了俯瞰生物界宏大的进化图景，我根据不同生物的分类对本书进行了分节。粗略地介绍一下，第一章至第三章是我们人类身边的哺乳动物；第四章是和我们相距较远的爬行动物和鸟类；在第五章中，我们会讲到前四

章生物的共同祖先 —— 鱼类和两栖动物。

在内容的组织上，国立科学博物馆的木村由莉老师建议我用动物的分类排列内容。除此以外，木村老师还在讲解部分的写作以及绘制生物复原图上给了我许多细致的指导，在此，我要向她表示感谢。标本承载着动物灭绝与进化的伟大历史，了解这些历史后再去观看标本，要比什么都不懂地直接去看会增长更多的见识，参观博物馆时肯定也会乐趣倍增。这本书要是能把你带入古生物的世界，那便是我的荣幸。

2019 年 2 月

川崎悟司

本书数据基于 2019 年 2 月的最新数据。

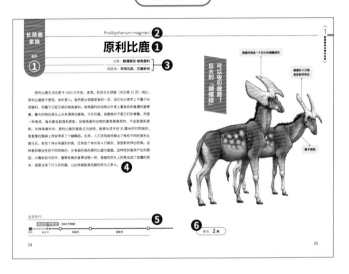

阅读方法

❶ **中文名：** 在中国使用的通用名。[1]

❷ **学名：** 在全世界共通的生物学学名。

❸ **分类：** 该动物所属的生物学分类。

栖息地： 化石种（或灭绝种）标记化石的发现地，现生种则标记主要栖息地。

❹ **讲解：** "家族的历史"页面，讲解该同类物种从起源到现在的灭绝与进化史；"家族选手"与"比一比，看一看"页面，讲解该物种的详细信息。难度较大的专业词汇，请参考书后的"名词表"。

❺ **生存年代：** 发现化石的地层所属的年代。讲解中的物种及其同类物种，在生物历史上登场的时间和生存的时期，会用颜色进行标记。浅色为现生物种从起源到今天的生存年代，深色为灭绝物种大致的生存年代。

❻ **体长：** 动物从鼻尖到尾尖的**全长**，或从鼻尖到尾根的**体长**，或从地面到肩部的**肩高**，或双翼展开后的**翼展**，或甲壳的**甲长**。

1　由日文通用名改后的中文通用名。

目录

生存的年代？如何通过化石得知动物

经年累月，由黏土、沙石、火山灰、生物尸体等物质层叠积聚形成的岩层称为地层。通过了解化石是从地层中的哪个部分被挖掘出来的，我们就可以得知该种动物的生存年代。此外，根据以地层中的化石为基准划分的地质时代，也可以推断出动物或植物繁盛及灭绝的时期。

那么，就让我们来看看，在各个时代中，地球都发生了怎样的变化，在每个时代的地球上，又住着什么样的动物吧！

古生代
寒武纪
5亿4100万—4亿8500万年前

寒武纪"生命大爆发"之后，生物的多样性急速增长。寒武纪之前，地球上只有极少的几种生物，但突然间却一齐诞生了1万多种生物。据说寒武纪初期，与现生动物相关的几乎每一种无脊椎动物都已经出现了。

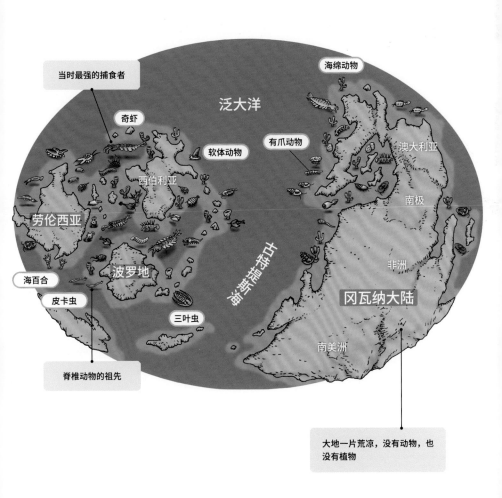

海绵动物

当时最强的捕食者

奇虾

泛大洋

软体动物

有爪动物

澳大利亚

西伯利亚

南极

劳伦西亚

古特提斯海

非洲

海百合

波罗地

冈瓦纳大陆

皮卡虫

三叶虫

南美洲

脊椎动物的祖先

大地一片荒凉，没有动物，也没有植物

奥陶纪

4亿8500万—4亿4300万年前

志留纪

4亿4300万—4亿1900万年前

奥陶纪末期发生了一场大灭绝事件，约有 85% 的物种灭绝。不过，志留纪时期，地球大气形成了臭氧层，照射到地表的有害紫外线减少，植物开始登上陆地。

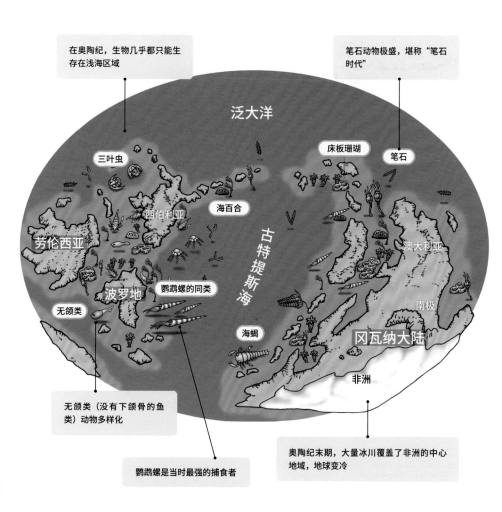

在奥陶纪，生物几乎都只能生存在浅海区域

笔石动物极盛，堪称"笔石时代"

泛大洋

三叶虫

床板珊瑚

笔石

海百合

西伯利亚

劳伦西亚

古特提斯海

澳大利亚

波罗地

鹦鹉螺的同类

南极

无颌类

海蝎

冈瓦纳大陆

非洲

无颌类（没有下颌骨的鱼类）动物多样化

鹦鹉螺是当时最强的捕食者

奥陶纪末期，大量冰川覆盖了非洲的中心地域，地球变冷

泥盆纪

4亿1900万—3亿5800万年前

出现了最原始的四足动物——两栖动物，过去只能生存在水中的动物首次登上陆地。蕨类植物、种子植物出现，陆地上形成森林。

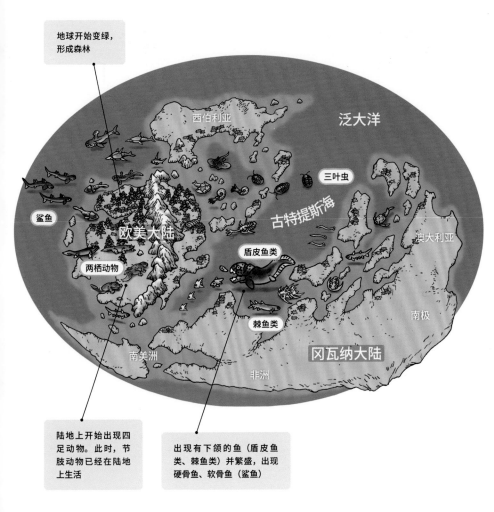

地球开始变绿，形成森林

西伯利亚

泛大洋

三叶虫

古特提斯海

鲨鱼

欧美大陆

澳大利亚

盾皮鱼类

两栖动物

南极

棘鱼类

冈瓦纳大陆

南美洲

非洲

陆地上开始出现四足动物。此时，节肢动物已经在陆地上生活

出现有下颌的鱼（盾皮鱼类、棘鱼类）并繁盛，出现硬骨鱼、软骨鱼（鲨鱼）

9

石炭纪

3亿5800万—2亿9900万年前

出现爬行动物，它们开始登上陆地产卵，加速了动物由海生向陆生转化的进程。

这一时期，大气中的氧气浓度最高，昆虫等生物的体形巨大。

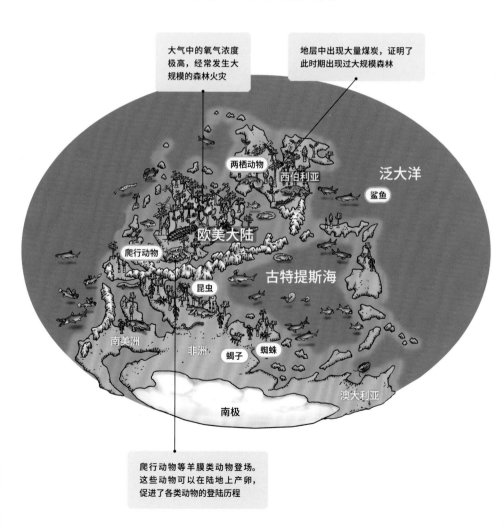

大气中的氧气浓度极高，经常发生大规模的森林火灾

地层中出现大量煤炭，证明了此时期出现过大规模森林

两栖动物

西伯利亚

泛大洋

鲨鱼

欧美大陆

爬行动物

古特提斯海

昆虫

南美洲

非洲

蝎子 蜘蛛

澳大利亚

南极

爬行动物等羊膜类动物登场。这些动物可以在陆地上产卵，促进了各类动物的登陆历程

二叠纪

出现哺乳动物的祖先——单弓类爬行动物。二叠纪末期发生了有史以来最严重的物种大灭绝，约有 95% 的物种灭绝。

单弓类爬行动物繁盛

大规模火山活动多发，地球环境剧变

单弓类

泛大洋

西伯利亚

北美洲

欧洲

古特提斯海

硬骨鱼

泛大陆

鲨鱼

非洲

爬行动物

菊石

南美洲

特提斯海

印度

澳大利亚

南极

两栖动物

所有大陆合并，形成泛大陆

二叠纪末期，直径 50 千米的巨大陨石撞击南极地区

11

中生代

三叠纪

2亿5200万—2亿100万年前

地球变得干燥，适应干燥环境的爬行动物繁盛，恐龙和早期哺乳动物出现。三叠纪末期也发生了大灭绝事件，76%的物种灭绝。

大陆合并，内陆开始迅速变干

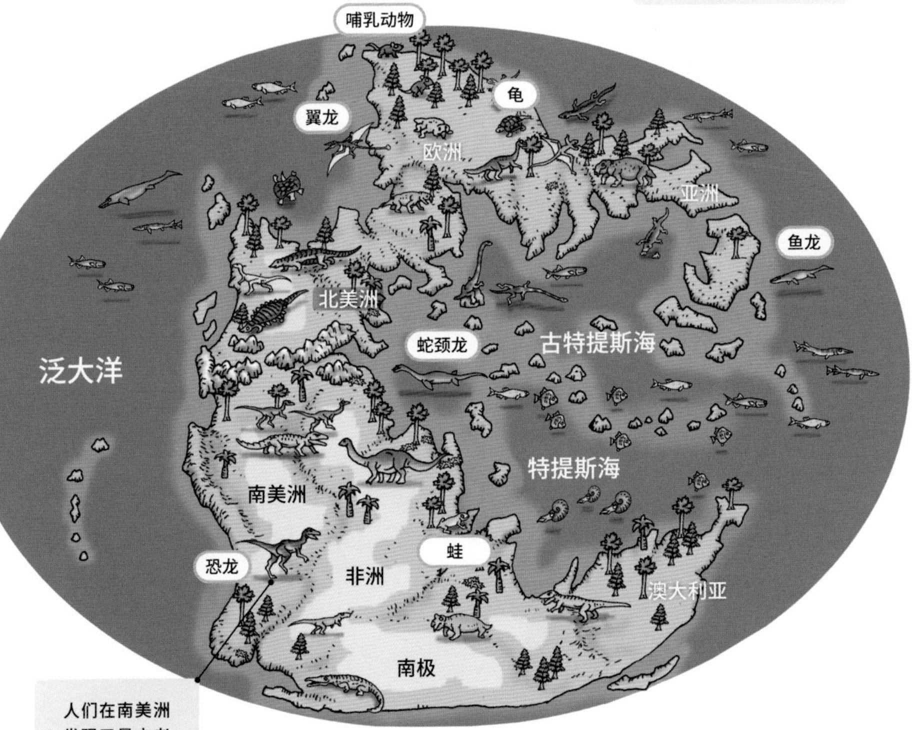

哺乳动物

翼龙

龟

欧洲

亚洲

鱼龙

北美洲

蛇颈龙

古特提斯海

泛大洋

特提斯海

南美洲

蛙

恐龙

非洲

澳大利亚

南极

人们在南美洲发现了最古老的恐龙化石

　　侏罗纪是恐龙最繁盛的时代，陆地由身材高大的食肉恐龙和食草恐龙统治。由恐龙进化而来的鸟类也在这一时期出现。

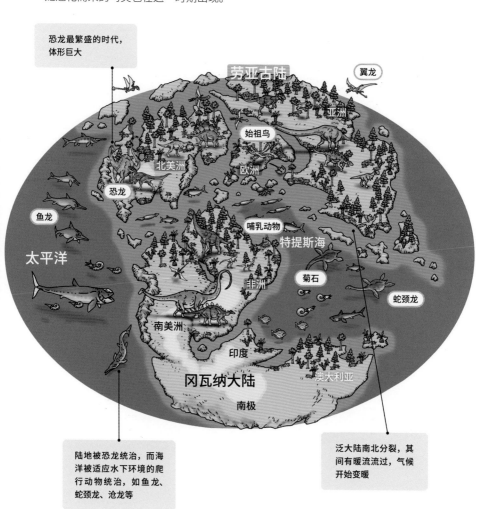

恐龙最繁盛的时代，体形巨大

劳亚古陆

翼龙

亚洲

始祖鸟

北美洲

欧洲

恐龙

鱼龙

哺乳动物

特提斯海

太平洋

非洲

菊石

蛇颈龙

南美洲

印度

奥大利亚

冈瓦纳大陆

南极

陆地被恐龙统治，而海洋被适应水下环境的爬行动物统治，如鱼龙、蛇颈龙、沧龙等

泛大陆南北分裂，其间有暖流流过，气候开始变暖

白垩纪是恐龙多样性进化的时代，但在白垩纪末期的物种大灭绝时，恐龙和菊石类动物全部灭绝了。

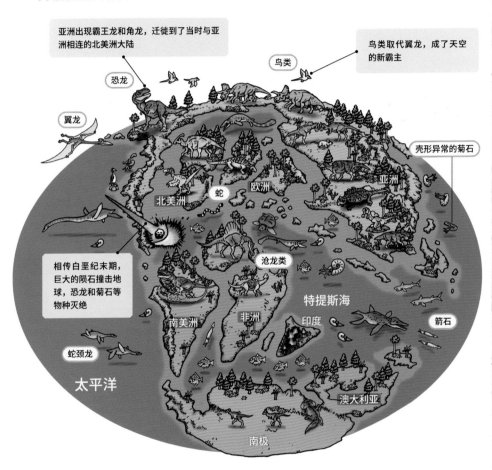

亚洲出现霸王龙和角龙，迁徙到了当时与亚洲相连的北美洲大陆

鸟类取代翼龙，成了天空的新霸主

鸟类

恐龙

翼龙

壳形异常的菊石

北美洲

蛇

欧洲

亚洲

相传白垩纪末期，巨大的陨石撞击地球，恐龙和菊石等物种灭绝

沧龙类

特提斯海

南美洲

非洲

印度

箭石

蛇颈龙

太平洋

澳大利亚

南极

新生代

古近纪

6600万—2300万年前

| 古新世 | 始新世 | 渐新世 |

白垩纪末期恐龙灭绝后，哺乳动物体形变大，开始繁盛。陆地上草原的面积增大。

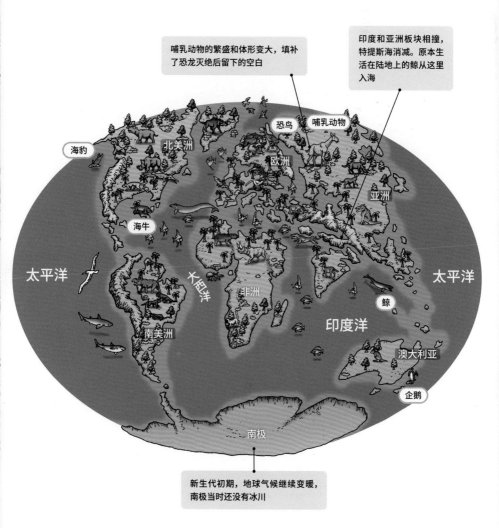

哺乳动物的繁盛和体形变大，填补了恐龙灭绝后留下的空白

印度和亚洲板块相撞，特提斯海消减。原本生活在陆地上的鲸从这里入海

恐鸟

哺乳动物

北美洲

欧洲

亚洲

海豹

海牛

太平洋

大西洋

非洲

印度洋

太平洋

鲸

南美洲

澳大利亚

企鹅

南极

新生代初期，地球气候继续变暖，南极当时还没有冰川

15

新近纪

2300万—258万年前

中新世	上新世

气候开始寒冷、干燥，草原面积进一步扩大。这个阶段出现了人类的祖先——类人猿。

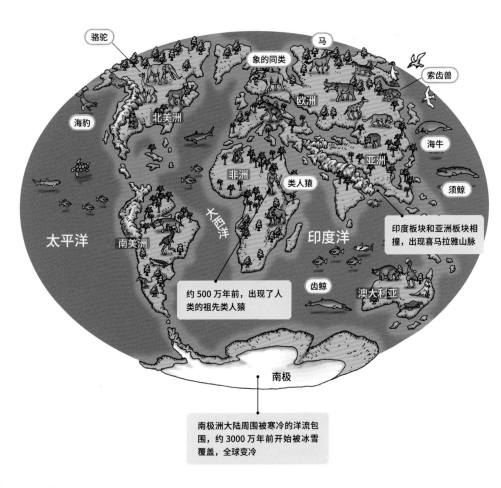

骆驼

马

象的同类

索齿兽

欧洲

海豹

北美洲

海牛

亚洲

非洲

类人猿

须鲸

太平洋

大西洋

印度洋

印度板块和亚洲板块相撞，出现喜马拉雅山脉

南美洲

约500万年前，出现了人类的祖先类人猿

齿鲸

澳大利亚

南极

南极洲大陆周围被寒冷的洋流包围，约3000万年前开始被冰雪覆盖，全球变冷

人类出现，世界各地的人类生活圈扩大。

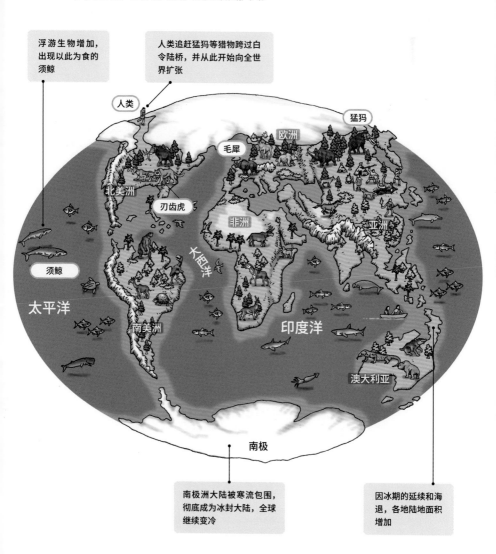

浮游生物增加，出现以此为食的须鲸

人类追赶猛犸等猎物跨过白令陆桥，并从此开始向全世界扩张

人类

猛犸

欧洲

毛犀

北美洲

刃齿虎

非洲

亚洲

须鲸

大西洋

太平洋

南美洲

印度洋

澳大利亚

南极

南极洲大陆被寒流包围，彻底成为冰封大陆，全球继续变冷

因冰期的延续和海退，各地陆地面积增加

17

动物的进化与系统

　　生物诞生于 40 亿年前。最初诞生的一种生物逐渐进化、变形，在适应各种环境的过程中不断形成新物种。本书中出现的动物大多数都属于脊椎动物，其中，鱼类主要在古生代开始繁盛，两栖动物、爬行动物主要在中生代，而哺乳动物主要在新生代不断进化，并立足统治地位。特别要说的是，发生在约 6600 万年前的白垩纪－古近

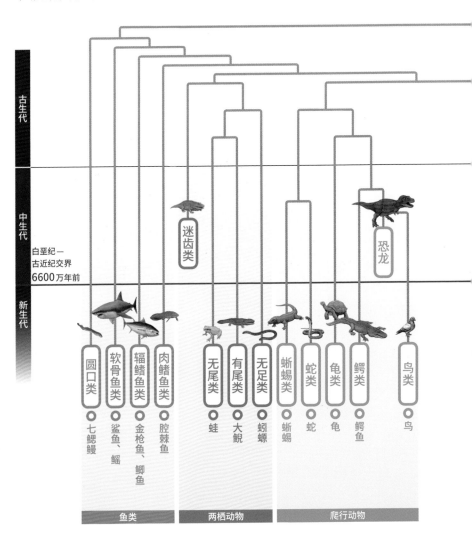

古生代

中生代

白垩纪－
古近纪交界
6600万年前

新生代

| 圆口类 | 软骨鱼类 | 辐鳍鱼类 | 肉鳍鱼类 | 无尾类 | 有尾类 | 无足类 | 蜥蜴类 | 蛇类 | 龟类 | 鳄类 | 鸟类 |

○七鳃鳗　　○鲨鱼、鳐　　○金枪鱼、鲫鱼　　○腔棘鱼　　○蛙　　○大鲵　　○蚓螈　　○蜥蜴　　○蛇　　○龟　　○鳄鱼　　○鸟

迷齿类　　恐龙

鱼类　　　　两栖动物　　　　爬行动物

18

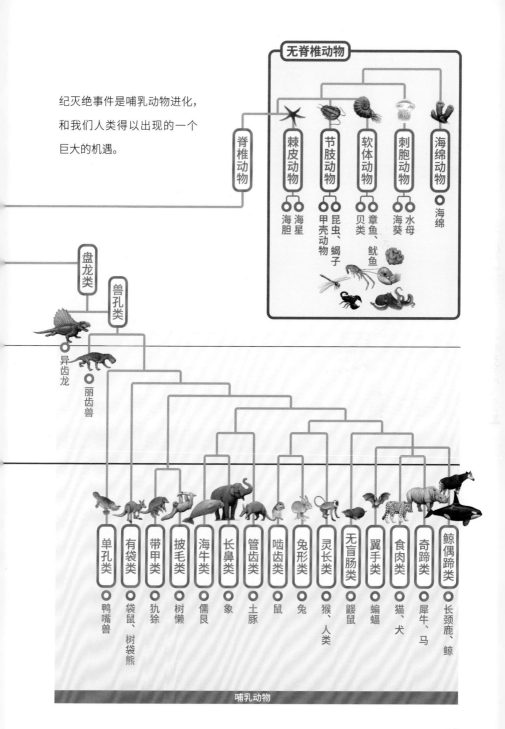

纪灭绝事件是哺乳动物进化，
和我们人类得以出现的一个
巨大的机遇。

无脊椎动物

脊椎动物

棘皮动物
└ 海胆
└ 海星

节肢动物
└ 昆虫、
蝎子
甲壳动物

软体动物
└ 章鱼、
鱿鱼
贝类

刺胞动物
└ 水母
海葵

海绵动物
└ 海绵

盘龙类

兽孔类

异齿龙

丽齿兽

单孔类
└ 鸭嘴兽

有袋类
└ 袋鼠、
树袋熊

带甲类
└ 犰狳

披毛类
└ 树懒

海牛类
└ 儒艮

长鼻类
└ 象

管齿类
└ 土豚

啮齿类
└ 鼠

兔形类
└ 兔

灵长类
└ 猴、人类

无盲肠类
└ 鼹鼠

翼手类
└ 蝙蝠

食肉类
└ 猫、犬

奇蹄类
└ 犀牛、马

鲸偶蹄类
└ 长颈鹿、
鲸

哺乳动物

19

亲戚

长颈鹿和鲸是

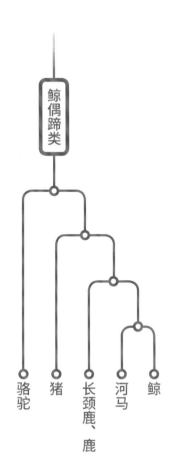

鲸偶蹄类

骆驼

猪

长颈鹿、鹿

河马

鲸

近年来，科学界始终在研究使用新方法对动物的分类进行再讨论，基因分析便是新方法之一。借助这种技术，人们发现鲸和河马竟然拥有十分密切的亲缘关系。

河马属于偶蹄类动物。除河马外，偶蹄类中还有长颈鹿、骆驼、牛和猪等。这些动物有一个共同点，即蹄甲的数目为偶数，如二或四，所以我们把拥有偶数蹄甲数的动物称为"偶蹄类"。但是如前所述，人们发现河马和鲸的亲缘关系竟然比河马和长颈鹿的亲缘关系还近，于是便有人提出了一种新的观点：将鲸划入偶蹄类，并将该类目的名称改为"鲸偶蹄类"。

你可能难以想象，在陆地上生活的长颈鹿、骆驼、牛等偶蹄类动物，竟然和在海中生活的鲸是同类，但5000万年前，鲸的祖先其实和其他偶蹄类动物的祖先一样，有四条腿，在陆地上行走。在从陆地向海洋迁移的过程中，鲸的祖先行走用的足逐渐进化成了游泳用的鳍。最终，整个体形都变成了现代鲸鱼和海豚那样，适于游泳的模样。

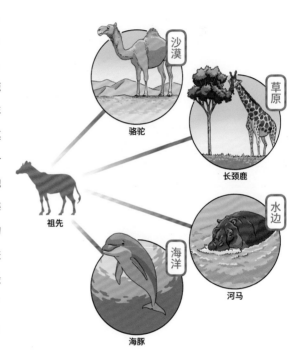

沙漠

草原

水边

海洋

骆驼

长颈鹿

河马

海豚

祖先

鲸偶蹄类是哺乳动物中非常繁荣的一大群体，在世界各地均有栖息。非洲草原上有长颈鹿，沙漠地带有骆驼，水边有河马，它们也为适应不同的环境而进化出了不同的体形。其中，由于鲸和海豚已经完全变为海洋动物，生存环境与其他鲸偶蹄类动物有很大的差异，因此它们虽说是同类，但进化后的体形已完全不同了。

新近纪

古长颈鹿
Palaeotragus

原利比鹿
Prolibytherium magnieri

家族选手 ① » 第24页

梯角鹿
Climacoceras

萨摩麟
Samotherium

家族选手 ② » 第26页

梵天麟
Bramatherium

说起今天的长颈鹿家族，全世界就只剩下生活在非洲草原上的长颈鹿和生活在非洲森林里的霍加狓两种了。霍加狓被发现于1900—1901年，它们没有长脖子，长相也和长颈鹿相去甚远。刚被发现的时候，有些人把霍加狓当成了斑马的同类，还有些人认为它是羚羊的新物种。直到1902年，人们仔细研究过霍加狓的颅骨之后，才确认它是长颈鹿的同类，和普通的长颈鹿也有许多共同特征，如长舌头呈深蓝色，可以舔到耳朵，以及头上长有软骨构成的角，角的外面覆盖着皮肤，等等。

长颈鹿家族的历史

现在　　新近纪　　新生代　　　中生代　　　古生代

从目前人们发现的化石来看，最古老的长颈鹿是生活在 1800 万年前的森林里的古长颈鹿，生存的年代属于新近纪的中新世。古长颈鹿是食草动物，长得和今天的霍加狓有点儿像。那个时代的气候寒冷干燥，森林面积减少，草原面积增加，古长颈鹿就这么出现在了当时仅剩的森林里，以十分原始的短脖子形态存活到了今天。与此同时，也有不少原始的同类物种出现在草原上，这些动物与现生长颈鹿共同组成了一个类群。长颈鹿家族为了奔跑，四肢变得极为修长，为了适应变高的身体，它们的脖子也逐渐变长了。然而，长颈鹿之所以能长得比所有食草动物高大，主要还是因为它们的脑后部长出了一层网状的毛细血管。实际上，不仅现生长颈鹿，霍加狓和长颈鹿的许多祖先更是在很早以前就已经进化出了这种结构。从古至今，在长颈鹿家族中，西瓦兽、梵天麟等脖子较短的物种并不鲜见，但它们都在与牛、羚羊等食草动物的生存竞争中失败了，导致个体数量逐渐减少。而长颈鹿因为脖子长，能够独享其他竞争对手够不到的高层植物，所以活到了今天。

现在

长颈鹿
Giraffa camelopardalis
家族选手 ⑤ » 第32页

西瓦兽
Sivatherium giganteum
家族选手 ③ » 第28页

霍加狓
Okapia johnstoni
家族选手 ④ » 第30页

Prolibytherium magnieri

原利比鹿

分类：鲸偶蹄目 梯角鹿科

栖息地：非洲北部、巴基斯坦

　　原利比鹿生活在距今 1600 万年前，食草。和现生长颈鹿（详见第 32 页）相比，原利比鹿脖子更短，体形更小。虽然是长颈鹿家族的一员，但它在分类学上不属于长颈鹿科，而属于已经灭绝的梯角鹿科。梯角鹿科的动物从外表上看其实和普通的鹿更像，最大的特征是头上长有漂亮的鹿角。今天的鹿，其鹿角并不是它们的骨骼，而是一种角质，每年都会脱落和更新，但梯角鹿科动物的鹿角是骨质的，不会脱落和更新。在梯角鹿科中，原利比鹿的鹿角尤为独特，能够长成半径 35 厘米的对称扇形，简直像在脑袋上用丝带系了个蝴蝶结。后来，人们还陆续挖掘出了角形不同的原利比鹿化石，有些个体长有扇形的角，还有些个体长有 4 只细长、呈放射状伸出的角。这种差异是由性别不同导致的，长有扇形角的原利比鹿为雄鹿。这种性别差异产生的原因，大概和如今的牛、鹿等有角的食草动物一样，是雄性把头上的角当成了炫耀的资本，或是当成了打斗的利器，以此来威胁其他雄性和与之争斗。

生存年代：

新近纪 中新世 （1600 万年前）

现在　　　新生代　　　　　中生代　　　　　　古生代

雄鹿的角呈一个巨大的蝴蝶结状

雌鹿的 4 只角呈放射状伸出

可以吸引雌鹿！巨大的『蝴蝶结』

脖子很短

体长：**2** 米

Samotherium

萨摩麟

分类：鲸偶蹄目 长颈鹿科

栖息地：亚洲、欧洲、非洲

在长颈鹿科中，存活至今的动物有长颈鹿（详见第 32 页）和霍加狓（详见第 30 页），而萨摩麟则正好处于这两者的中间状态，可以说就是长颈鹿脖子变长前的样子。虽然从分类学上讲，萨摩麟和生活在热带森林中的霍加狓是近亲，但萨摩麟却栖息在热带的稀树草原，以高大树木上的树叶为食。萨摩麟的鹿角和长颈鹿的角也不同，最大的特征是有两两相对的 4 只角。2015 年，科学家针对长颈鹿科动物的颈长开展了一项研究。在这项研究中，科学家广泛比较了长颈鹿科各灭绝物种和现生物种的颈椎骨长度。除了少数例外，哺乳动物都有 7 块颈椎骨，长颈鹿科动物也一样。因此，比较不同动物的颈椎骨长度，就可以知道它们的脖子有多长了。长颈鹿的脖子长，是因为它的每根颈椎骨都很长。因此，科学家通过研究萨摩麟的颈椎骨发现，它们靠近头部的颈椎骨伸长，颈部已经有了变长的趋势，而现生长颈鹿的 7 块颈椎骨都已经变长了。由此可见，长颈鹿科的动物，其颈部是从上半部分开始伸长，然后下半部分再伸长，经历过这两个阶段才整体变长的。

生存年代：

新近纪 中新世—上新世

现在　　新生代　　　　　中生代　　　　　　　古生代

中间形态？
霍加狓和现生长颈鹿的

4 只角

7 节颈椎骨，
但只有上半
部分变长

体长：**3 米**

Sivatherium giganteum

西瓦兽

分类：鲸偶蹄目 长颈鹿科

栖息地：亚洲、欧洲、非洲

　　西瓦兽也是长颈鹿的同类，灭绝于约 1 万年前。它们的化石广泛分布在亚洲和非洲，但模式种化石发现于印度，因此人们就以印度的主要宗教印度教中的毁灭之神湿婆的名字给这种动物命名了（"湿婆"音译为"西瓦"）。西瓦兽是长颈鹿家族中最大的一种，体形不像现生长颈鹿一样苗条，而像牛一样矫健，体重也是现生长颈鹿远不能及的。新生代中期，地球气候寒冷干燥，森林进一步转化为草原，原本生活在森林中的动物被迫向草原迁移，而当时的长颈鹿科祖先凭借长腿、长颈的优势，独享高处的树叶，因而非常适应环境。然而，西瓦兽与同时代的其他长颈鹿科动物不同，它们学会了取食生长在地面、难以消化的禾本科植物，因此消化系统变得异常发达，生活方式同牛一般，体形也跟着变大了。这种生活方式造成的结果，就是西瓦兽陷入了与牛的祖先竞争食物的境地，竞争的失败导致了灭绝。

生存年代：

新近纪 上新世 — 第四纪 更新世 （500 万—1 万年前）

现在　　　新生代　　　　　　中生代　　　　　　　古生代

既不是水牛，
也不是驼鹿

大而平的鹿角

牛一样强壮的体形

以硬质的禾本科
植物为食

肩高：**2米**

Okapia johnstoni

霍加狓

分类：鲸偶蹄目 长颈鹿科

栖息地：非洲

在日本，霍加狓与大熊猫、倭河马一起，被并称为"世界三大珍兽"，是珍稀物种之一。霍加狓生活在非洲的深山密林中，不喜群居，独自行动，警戒心极强，因此人们很少见到它们的身影，长久以来甚至都不知道这种动物的存在。人们第一次发现霍加狓是在刚刚进入 20 世纪的 1901 年，那时，人们深深沉迷于霍加狓的腿部花纹，给它们起了个"森林贵妇人"的昵称。因为霍加狓的花纹和生活在草原上的斑马相似，所以最初人们认为它们是斑马的同类。"霍加狓"这个名称，在当地语言中的原意就是"森林里的马"。然而，马和斑马都属于奇蹄类，每只脚上只有一个蹄，但霍加狓的每只脚上有两个蹄甲。而且，通过霍加狓头上的角，人们逐渐认识到它们属于长颈鹿家族。虽然体形相去甚远，但霍加狓和长颈鹿确实有很多共同点，比如头上的角都是由皮肤和绒毛包裹起来，舌头都能舔到耳朵，都会利用长舌头灵巧地取食树叶，等等。因此人们认为，霍加狓是一种和长颈鹿祖先较为接近的原始动物，堪称"活化石"。过去，许多类似霍加狓的动物生活在森林里，后来，其中的一部分迁移到草原，适应了草原的环境，进化成了今天的长颈鹿，而没有离开森林的那一部分，就变成了今天的霍加狓。

生存年代：

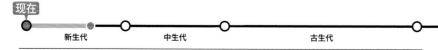

现在

新生代　　　　中生代　　　　古生代

简出的原始长颈鹿
一种在森林中深居

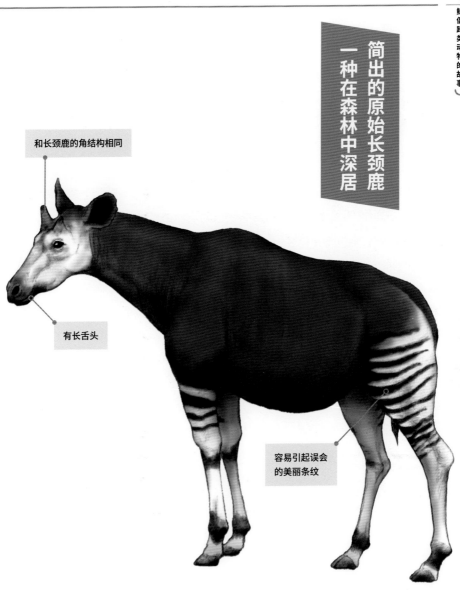

和长颈鹿的角结构相同

有长舌头

容易引起误会
的美丽条纹

体长：**2米**

Giraffa Camelopardalis

长颈鹿

分类：鲸偶蹄目 长颈鹿科

栖息地：**非洲**

　　长颈鹿的拉丁文学名为"*Giraffa camelopardalis*"，意思是"奔跑的长着豹纹的骆驼"。别看长颈鹿长成这样，但它们跑起来的速度可达 50 千米 / 时，而且它们的外表还真像个"长着豹纹的骆驼"。用奔跑的特性和长相来命名并非不妥，但让人意外的是，长颈鹿的学名里竟然没有提到它们最显著的特征 —— 长脖子。长颈鹿是世界上现存身高最高的动物，在一望无际的大草原上，也比其他动物的视野更加宽广。同时，它们还能灵活使用 40 厘米长的舌头，独享高处的树叶。然而，细长的脖子有好处也有坏处。长脖子把长颈鹿的大脑举到了距离心脏 2 米远的高处，所以心脏为了把血液输送到大脑中，就需要制造极高的血压。人类的最高血压平均为 160 毫米汞柱，但长颈鹿的最高血压平均可达 260 毫米汞柱。这个压力是非常大的，不过，长颈鹿的脑后有一层网状的毛细血管，可以起到分散血压、均衡脑部血压的作用。因此长颈鹿在喝水，将脑袋低下来的时候，就不会有多余的血液涌入大脑，喝完水抬起脑袋之后，高血压也不会让它们"眼前一黑"。

生存年代：

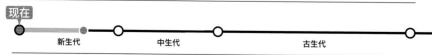

现在
　　　　　　新生代　　　　　　　中生代　　　　　　　　古生代

长颈鹿角

取食高处树叶的
长舌头

虽然脖子很长，但颈椎骨
也只有 7 节

长有豹纹，这也是
其学名的来源

长脖子的人气选手其实
是严重的高血压患者

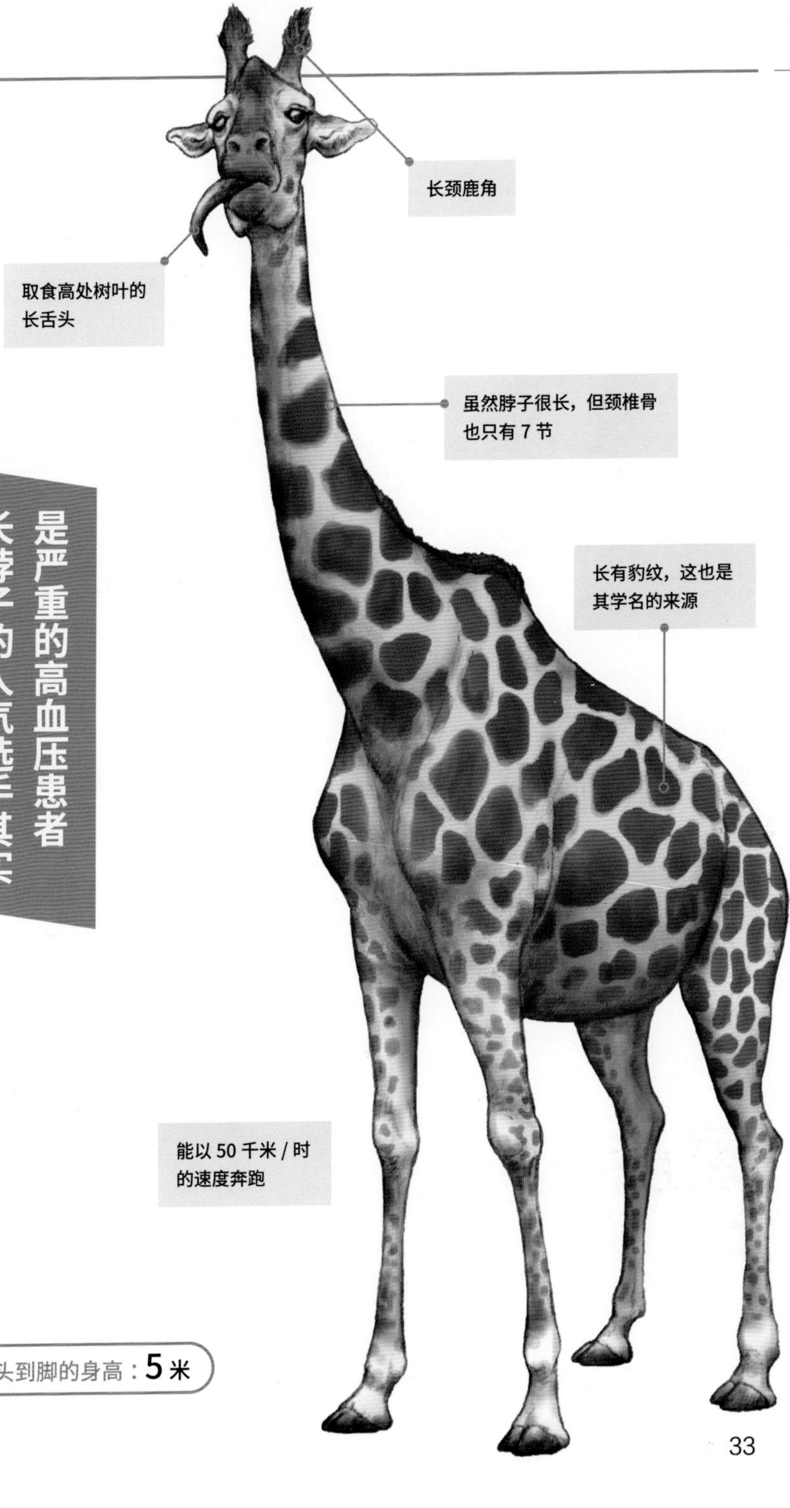

能以 50 千米 / 时
的速度奔跑

从头到脚的身高：**5 米**

33

原疣脚兽
Protylopus petersoni

家族选手 ① » 第36页

先兽
Poebrotherium

家族选手 ② » 第38页

奇角鹿
Synthetoceras

家族选手 ③ » 第40页

巨足驼
Titanotylopus

今天的骆驼家族有生活在横跨非洲北部到亚洲西部的沙漠地带的单峰驼，生活在中亚沙漠的双峰驼，还有与前两种骆驼相距遥远、生活在南美洲安第斯山脉的羊驼，但如今，骆驼起源和进化的舞台——北美洲大陆，已经一头骆驼都没有了。

最古老的骆驼，是4000万年前栖息在北美洲的原疣脚

骆驼家族的历史

新生代 中生代 古生代

现在 古近纪 始新世后期

34

兽，是一种体形只有兔子大小的食草动物。除此之外，还有体形似鹿、长有雄壮鹿角的奇角鹿，不过奇角鹿并不是骆驼的"直系血亲"。现生骆驼的直系祖先是奇角鹿之后出现的古骆驼和巨足驼，它们的四肢和脖子较长，长得像长颈鹿，是食草动物。在食物丰富的森林和草原，古骆驼和巨足驼能独享其他食草动物够不着的食物，但没有现生骆驼用来储存营养的驼峰。

骆驼的祖先本在北美洲优渥的环境中发展壮大，却被在 12000 年前移居北美的人类当成猎物狩猎，最终灭绝。一部分骆驼逃出了北美洲，向亚洲和南美洲迁移，成了现生骆驼和羊驼的祖先。为了适应残酷的环境条件，骆驼不仅在背上长出了驼峰，还和牛一样，学会了反刍，消化食物时胃里储存了多种微生物，这些微生物能将尿素等代谢废物转化为营养重新利用，减少骆驼的排尿量，把珍贵的水资源积存在骆驼体内。

古骆驼
Aepycamelus

家族选手 ④ » 第42页

单峰驼
Camelus dromedarius

家族选手 ⑤ » 第44页

现在

羊驼
Lama pacos

双峰驼
Camelus bactrianus

Protylopus petersoni

原疣脚兽

分类：鲸偶蹄目 胼足亚目 鹿驼科

栖息地：北美洲

　　原疣脚兽是骆驼最早的祖先，生活在始新世后期，距今约4500万年前的北美洲。虽说今天的北美洲大陆已经一头骆驼也见不到了，但正如前文所述，骆驼家族却是在这片大陆诞生、繁荣起来的。原疣脚兽身上有几处原始动物的特征，第一个就是蹄甲数目的增加。现生骆驼的每只蹄上只有两趾，分别为第三趾（中趾）和第四趾（无名趾），其他脚趾已全部退化，但原疣脚兽的每只蹄上却有4个脚趾。不过，用来承担体重的只有第三趾和第四趾（主蹄），这一点和现生骆驼相同，而剩下的两个蹄甲则长在第三趾和第四趾两边，被称为副蹄。原疣脚兽的体形和现生骆驼相比也非常瘦小，和兔子差不多大，以森林中柔软的叶片为食。在森林繁盛的时代，保持体形娇小、取食树叶是有利于生存的，但随着气候变化，森林削减，草原扩张，植被的种类也变了，因此原疣脚兽的竞争优势逐渐消失，一部分骆驼开始适应草原的环境条件，体形也渐渐变大了。

生存年代：

新近纪 始新世后期

现在　　新生代　　　　　中生代　　　　　古生代

生存在北美洲的骆驼祖先，
体形却如兔子一般

体形极小

共有 4 趾，包括
无功能的副蹄

体长：**50**厘米

Poebrotherium

先兽

分类：**鲸偶蹄目 胼足亚目 骆驼科**

栖息地：**北美洲**

距今 3400 万年前，始新世结束，渐新世拉开了序幕。地球气候进一步变冷、变干，骆驼祖先的栖息地北美洲大陆的森林减少，草原扩张。原疣脚兽（详见第 36 页）等最早的骆驼最初生活在温暖、湿润的森林中，但随着栖息地变为稀树草原，更加适应环境的骆驼出现了。这个时代的代表性物种就是先兽。先兽的四肢和脖颈都变长了，跑动的速度更快，体形也变得更像一头鹿。和现生骆驼相比，先兽的体形也较小，和山羊差不多，但它们却正好处于渐新世初期，开创了骆驼家族大型化、多样化的新时代，被认为是和骆驼血缘最近的祖先。当时，先兽是极为繁荣的物种，因此留下了许多化石，其中甚至包括有 44 颗牙齿的完整口腔化石。由此可见，先兽具有现生骆驼已经退化掉的上切齿（前牙）。另外，原疣脚兽的蹄上有副蹄在内的 4 个脚趾，但先兽的副蹄已经退化了，和现生骆驼一样只有两个脚趾。

生存年代：

| 古近纪 始新世后期—渐新世前期 |
| 现在　　新生代　　　　　中生代　　　　　　　古生代 |

『先驱者』
骆驼大型化时代的

逐渐变长的脖颈

有现生骆驼
没有的前牙

副蹄消失,只剩两个脚趾

体长:和山羊差不多

Synthetoceras

奇角鹿

分类：鲸偶蹄目 胼足亚目 原角鹿科

栖息地：北美洲

　　奇角鹿属于和骆驼科亲缘关系较近的原角鹿科，这个科的动物已经全部灭绝了。原角鹿科出现于始新世中期，和骆驼的祖先出现时期基本相同，其后也一直在北美洲大陆上共同进化和生存。然而，和适应了气候和环境变化、随后迁移到其他地区的骆驼科动物不同，原角鹿科的动物却始终眷恋着温暖、湿润的森林，无法适应空气干燥的茫茫草原，这就是它们灭绝的主要原因。原角鹿科动物的特征是它们头顶上奇特的角，人们认为它们是鲸偶蹄目中最早发育出角的一科。原角鹿科动物的角和今天的鹿角、牛角不同，是像长颈鹿角一样被皮肤包裹的。奇角鹿是原角鹿科中最晚出现的物种，也是体形最大的物种，有壮观的鹿角。它们的鹿角从鼻尖伸出，形状很有个性，在顶端分为两股，形成"Y"形。不过，这种鹿角是雄性奇角鹿特有的，其他原角鹿科的动物也一样，雌性个体要么角很小，要么根本不长。

生存年代：

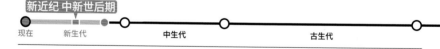

新近纪 中新世后期

现在　　　　新生代　　　　　　中生代　　　　　　　　古生代

『独角仙』？！
森林，是骆驼家族中的
直到生命最后都热爱着

"Y"字形的鹿角

取食柔软的植物

体长：**2米**

Aepycamelus

古骆驼

分类：鲸偶蹄目 胼足亚目 骆驼科

栖息地：北美洲

　　进入中新世以来，地球气候进一步变冷、变干，草原面积持续扩张。骆驼的祖先为了适应环境，逐渐进化出了古骆驼等体形庞大的物种。古骆驼的形态很像长颈鹿，长腿长颈，从头到脚的高度可达 3 米。身体变高之后，古骆驼便可独享高处的树叶，这个习性也和长颈鹿如出一辙。然而，大体形在草原上是否有利呢？草原环境极为开阔，没有隐蔽之处，这样一来，庞大的身躯很容易被食肉动物发现，所以食草动物作为猎物，必须想出对应之策，如快速奔跑、集群而居等。不过，庞大的身躯也令捕猎者更难狩猎和食用，这也是一个优点。虽然从外表上看，古骆驼并不像现生骆驼，反而更像长颈鹿，但它们和现生骆驼也有许多共同点。现生骆驼和古骆驼四肢的蹄上都长有肉垫，可以起到缓冲的作用。同时，通过研究地壳岩层中留下的足迹化石，人们发现古骆驼也拥有骆驼科动物特有的行走方式 —— 侧对步，即身体一侧的两腿同时迈步。

生存年代：

新近纪 中新世 （2300 万—530 万年前）

现在　　　新生代　　　　　中生代　　　　　　　古生代

简直就是长颈鹿！
不论是外表还是习性，

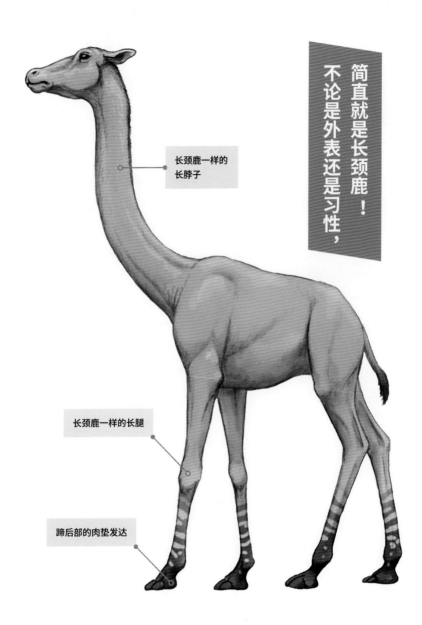

长颈鹿一样的
长脖子

长颈鹿一样的长腿

蹄后部的肉垫发达

肩高：**2米**

Camelus dromedarius

单峰驼

分类：鲸偶蹄目 骆驼科

栖息地：从非洲北部到亚洲西部

　　骆驼的祖先最早出现于湿润的森林，之后适应了干燥的草原环境，而现生骆驼却生活在更加严峻的沙漠环境当中。沙漠酷暑难耐，空气异常干燥，因此现生骆驼的身体为了耐受这种条件做了许多改变。首先，在沙漠中生存，补充水分和食物的机会很少，所以骆驼一有机会取食就尽量多吃，以储存尽量多的养分。它们背后的驼峰就是储存营养的秘密所在，骆驼吃下的食物都会转化为脂肪储存在驼峰中。在食物短缺时，驼峰中的脂肪就会转化成水和能量，帮助骆驼撑过无食无水的数周。同时，骆驼一口气可以喝下多达 80 升的水，摄入的水分会储存在血液当中。除此以外，骆驼还能关闭自己的鼻孔，防止吸入风中的砂粒；它们还有哺乳动物罕见的瞬膜结构，这是一层透明的眼睑，能像护目镜一样保护眼睛。骆驼蹄上的肉垫非常发达，能起到缓冲作用，即便踩在沙子上，四肢也不会陷下去。骆驼为了适应沙漠环境，许多身体特征已经高度特化，成了人类穿越沙漠的唯一交通工具，而且它们还能帮助人类驮运货物，是人类重要的伙伴，被称为"沙漠之舟"。

生存年代：

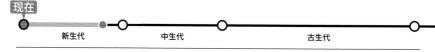

现在

新生代　　　　　中生代　　　　　古生代

包括背上的驼峰
适应沙漠环境而进化，
一切身体特征都为了

储存营养的驼峰

有一层透明的
眼睑——瞬膜

能够关闭
鼻孔

起缓冲作用的肉垫发达

体长：**3米**

古近纪

巴基鲸
Pakicetus

家族选手 ① » 第48页

鲸和海豚是哺乳动物中最适应海洋环境的类群。鲸会喷水，这其实是它们在用肺呼吸的表现，由此，科学家推断鲸的祖先曾是陆生动物，它们经历了从陆地到海洋的进化过程。1983 年，人们在巴基斯坦西北部距今 5200 万年前的地层中发现了巴基鲸的化石。出土的化石与现生的鲸有许多共

走鲸
Ambulocetus natans

家族选手 ② » 第50页

库奇鲸
Kutchicetus minimus

龙王鲸
Basilosaurus

家族选手 ③ » 第52页

抹香鲸
Physeter macrocephalus

家族选手 ⑤ » 第56页

现在

鲸家族
的历史

北太平洋露脊鲸
Eubalaena japonica

现在　新生代　　中生代　　　古生代

现在　古近纪 始新世初期

同点，还有四肢和蹄。科学家的推断得到了验证。

1994 年，科学家在距今 4900 万年前的地层中发现了形似鳄鱼的走鲸化石。科学家研究后发现，当时的鲸既饮用淡水，也饮用海水，于是判定它们当时的生存环境涵盖河流和海洋等多种盐度的水域。在那之后，库奇鲸、雷明顿鲸等物种纷纷出现，这些物种已经有了和现生鲸同样的特征：半规管管径缩小，因此推断此时的鲸已经完全迁移到水下了。同时出现的还有身长超过 20 米的龙王鲸，它们也是完全的海生动物。龙王鲸的前肢已经变成了鳍，体形也变得细长如蛇，但它们的鼻孔与现生鲸不同，现生鲸的鼻孔（喷气孔）长在头顶，可以浮出水面呼吸，而龙王鲸的鼻孔则和陆生动物一样长在鼻尖，因此无法长时间潜水，只能在浅海生活。

上面介绍过的鲸家族成员都属于"古鲸类"，龙王鲸是古鲸类最后的成员，在龙王鲸灭绝后，古鲸类就全部消失了。但部分古鲸类的鲸鱼，后来进化成了以肉食性的虎鲸为代表的齿鲸类，以及以滤食性的北太平洋露脊鲸为代表的须鲸类，如今这两类鲸在世界各处的海域中生存着。

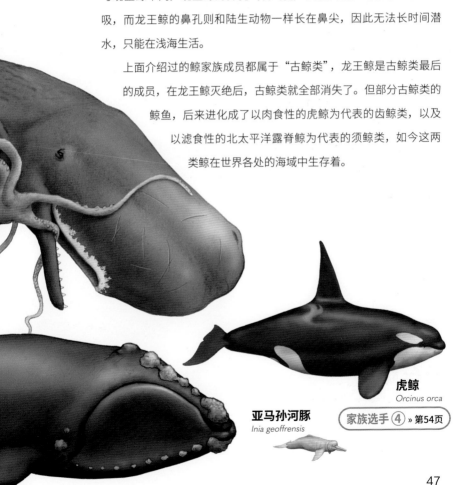

虎鲸
Orcinus orca

亚马孙河豚
Inia geoffrensis

家族选手 ④ » 第54页

Pakicetus

巴基鲸

分类：鲸偶蹄目 古鲸亚目 巴基鲸科

栖息地：巴基斯坦、印度

　　巴基鲸是最古老、最原始的鲸，属哺乳类，体形似狼，长相似狗。虽然巴基鲸的头部特征和现生鲸相似，有伸长的吻部和相同的牙齿排列方式，但它们没有鳍，靠四肢行走，有蹄。人们在巴基斯坦北部和印度西部发现过巴基鲸的化石，它们生活在距今 5000 万年前，那时这片地区的位置和地形与今天有很大差异，印度还是一个浮在海中的孤岛，位置比今天更靠南，与亚洲大陆之间隔着特提斯海这片广阔的浅海。当时的气候也比今天温暖，所以特提斯海中浮游生物众多，养育了多种以此为食的鱼类。巴基鲸就生活在如此富饶的浅海沿岸，为了捕猎，它们偶尔爬进水中，就此过上了半陆栖半水栖的生活。除了巴基鲸，印度和巴基斯坦一带还出土了其他几种四足行走的原始鲸类化石，于是特提斯海沿岸这片区域就成了鲸家族适应水栖生活、走上进化之路的起点。

生存年代：

古近纪 始新世前期 （约 5000 万年前）

现在　　新生代　　　　　中生代　　　　　　　古生代

走的最原始的鲸
用四条腿在陆地上行

头部与现生鲸神似

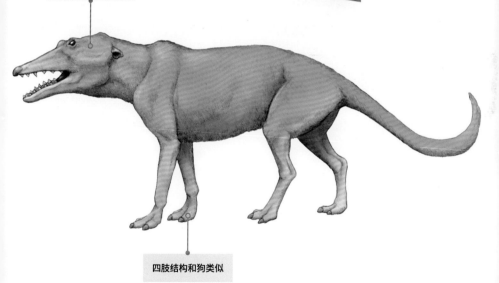

四肢结构和狗类似

全长：**1.8**米

Ambulocetus natans

走鲸

分类：**鲸偶蹄目 古鲸亚目 陆行鲸科**

栖息地：**巴基斯坦**

　　走鲸是水陆两栖的原始鲸类。1994 年，科学家将其命名为"*Ambulocetus natans*"，意为"既会游泳又会走路的鲸"，就是为了表明它们有两栖的特征。走鲸的化石和巴基鲸（详见第 48 页）的化石出土于同样的地点，但出土走鲸化石的地层位于出土巴基鲸化石的地层之上，前者比后者要新 50 万年左右。那时，走鲸和巴基鲸栖息的特提斯海沿岸地带气候温暖，浮游生物资源丰富，以此为食的鱼类也很多，所以走鲸也和巴基鲸一样，为了取得海中丰富的食物而往返于水陆之间，最终过上了水陆两栖的生活。人们已经发现了走鲸完整的骨骼化石，并认出了它的四肢，不过，通过化石不难看出，走鲸对水环境已经有了明显的适应趋势，呈现出从陆栖四足动物进化到现生鲸类的中间状态。在陆地上，走鲸就像今天的海狮，通过伸长四肢贴地爬行。它们的四肢虽然也可以用来爬行，但相比之下已经变得更适合游泳。在水中，走鲸可以依靠身体上下扭动，同时划动四肢灵活游动，像今天的鲸一样。

生存年代：

古近纪 始新世前期 （约 5000 万年前）

现在　　新生代　　　　　　　中生代　　　　　　　　古生代

擅长游泳
但相比之下更
虽然也会走路，

眼睛长在头顶上

四肢开始演化，更适合游泳

全长：**3米**

Basilosaurus

龙王鲸

分类：鲸偶蹄目 古鲸亚目 龙王鲸科

栖息地：非洲、欧洲、北美洲

　　巴基鲸（详见第 48 页）和走鲸（详见第 50 页）等古鲸，都是在特提斯海沿岸地带往返于水陆之间的，龙王鲸出现在它们之后，是彻底适应海洋、畅游在全世界海洋中的动物。因此，世界各地都曾发现过龙王鲸的化石。在埃及发现的龙王鲸化石全长 21 米，可见它们是不输现生鲸的海洋巨兽。不过，龙王鲸的身躯虽然巨大，颅骨却只有 1.5 米长，和现生鲸的颅骨长度简直不能相比，这也是它们的一大特征。小脑袋配上细长的身体，从外观上看，龙王鲸活脱脱是一条大海蛇。当时人们发现它们的化石时，还以为是什么巨大的爬行动物，甚至还给它们起了个名，叫"蜥蜴之王"——龙王。在龙王鲸身上还残存着现生鲸已经基本退化的骨盆和鳍化的后肢结构。还有

仅剩一点点的后肢

生存年代：

古近纪 始新世后期 （4000 万—3500 万年前）

现在　新生代　　　　中生代　　　　　　　古生代

海蛇一般细长的身体

大身子小脑袋

已经完全适应了海洋！海生哺乳动物的『先驱』，

一点，现生鲸为了便于呼吸，鼻孔长在头顶上，但龙王鲸的鼻孔却长在吻部中间，这也是祖先遗留下来的原始特征。正因如此，龙王鲸的游泳和潜水能力不及现生鲸，所以它们主要生活在浅海海域。

全长：**20米**

Orcinus orca

虎鲸

分类：**鲸偶蹄目 齿鲸亚目 海豚科**

栖息地：**全世界各个大洋**

　　虎鲸属于齿鲸类的一种，在今天的海洋中没有天敌，是站在食物链顶端的动物。它们常以 5 ～ 30 头的规模集结成群，共同行动，是哺乳动物中游泳速度最快的，时速可达 60 千米。虎鲸也叫"杀手鲸"，除了捕食海豹、企鹅、鲨鱼、乌贼、鱼类等，还会袭击比自己大的其他鲸类。而且，不同个体的虎鲸对食物还有不同的喜好，居然还会"挑食"。虎鲸的智力也很高，会根据不同猎物选择不同的捕猎方式。比如，它们会团队协作，在水中制造波浪，把海面的浮冰摇动起来，瞄准浮冰上的海豹落水时奋起捕食，它们还会在海面上吐出小鱼，吸引海鸟靠近，然后一举进攻。虎鲸甚至会袭击大白鲨（详见第 187 页）。它们会利用大白鲨来回翻转后就会失去意识的特性，用身体把大白鲨"撞晕"，然后捕食。虎鲸都是以群居生活，以母亲为中心，成员之间善于沟通，社会性极强，长辈会将毕生掌握的狩猎技巧教给晚辈，伙伴之间也会共享各种信息。

生存年代：

现在

新生代　　　　　　中生代　　　　　　古生代

团队协作捕猎的
聪明"人"

游泳时速可达 60 千米

击大型鲸类
恶霸，甚至会袭
团队出击的海中

全长：6 米

Physeter macrocephalus

抹香鲸

分类：鲸偶蹄目 齿鲸亚目 抹香鲸科

栖息地：全世界各个大洋

　　成年的雄性抹香鲸体长可达 18 米，雌性体长可达 12 米，是齿鲸类中最大的一种。抹香鲸最大的特征就是它们肥大的脑袋，成年雄鲸的头部长度能占到体长的 1/3，看起来就像一艘潜水艇。实际上，抹香鲸的潜水能力确实非常优秀，是鲸家族中之最。它们甚至能闭气整整 1 个小时持续在深海游泳，潜入水下 2000 米的深处捕食深海乌贼等猎物。它们之所以能长时间潜水，是因为全身的肌肉中富含肌红蛋白。肌红蛋白是一种蛋白质，能储存氧气。抹香鲸的肺部肌肉也很有弹性，能承受深海的水压，并在上浮到水面后迅速恢复原状。抹香鲸群居生活，会由 20 ~ 30 头雌鲸带领仔鲸组成鲸群，繁殖期时，雄鲸也会加入，形成一雄多雌的状态。研究发现，抹香鲸家族成员之间的联系很亲密，仔鲸学会潜水之前都以母亲的母乳为食，由母亲亲自训练潜水。对哺乳动物来说，深海的环境是极为残酷的，但抹香鲸不仅完美地适应了深海，还把它当成了栖息地，这是因为在过去，浅海逐渐成了虎鲸（详见第 54 页）、大白鲨（详见第 187 页）等强劲捕食者的角斗场，抹香鲸的祖先在生存竞争中败下了阵来。

生存年代：

现在

新生代　　　中生代　　　古生代

肌肉中富含肌红蛋白，可长时间潜水

深海的哺乳动物 唯一一种成功进击

又大又肥的脑袋

可潜入水下 2000 米的深处，捕食深海乌贼

全长：**18**米

长颈鹿（剥制标本）

在北京自然博物馆中设有上百种哺乳动物标本，其中最引人注目的就是俯身喝水的长颈鹿标本。在这里，非洲大陆上的众多野生动物以标本的形式一同出现，你可以切身感受到生物的多样性。

祖鹿（头骨）

分类：偶蹄目 鹿科

在描述非鲸类的偶蹄动物时，可以用"偶蹄目"作为惯称。

长颈椎展示

哺乳动物的颈椎大多有 7 节，我们人类如此，长脖子的长颈鹿也如此。

悠然漫步的双峰驼。

去博物馆和动物园看看

59

邻居犀牛和猫是

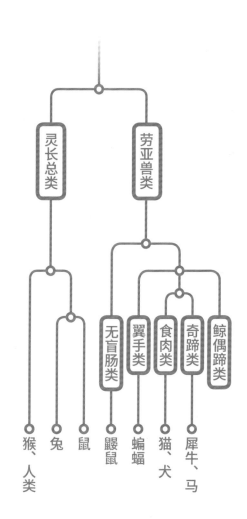

灵长总类

劳亚兽类

无盲肠类

翼手类

食肉类

奇蹄类

鲸偶蹄类

猴、人类

兔

鼠

鼹鼠

蝙蝠

猫、犬

犀牛、马

第一章我们讨论了鲸偶蹄类动物的故事，在第二章中，我们会沿着分类树向上爬，来看看一个名叫"劳亚兽类"的大分类，鲸偶蹄类动物也包含在劳亚兽类中。

除了鲸偶蹄类，劳亚兽类还包括食肉类、奇蹄类、翼手类、无盲肠类。食肉类包含众多食肉动物，有猫、犬等。奇蹄类是和鲸偶蹄类相对的概念，代表动物有马和犀牛。奇蹄类动物的蹄甲数为奇数，鲸偶蹄类动物的蹄甲数为偶数。翼手类就是各种蝙蝠，它们是唯一一类生活在空中的哺乳动物。无盲肠类包含多种在地下生活的动物，如鼹鼠（无盲肠类原名为"食虫类"，这个名字可能大家更熟悉）。综上所述，劳亚兽类包含的动物种类丰富多彩。

那么，"劳亚"一词究竟是什么意思呢？"劳亚"原本是一片大陆的名字，存在于恐龙繁荣的时代，相当于今天的北美洲、欧洲和亚洲合起来形成的一大片陆地。历史上，地球上的大陆始终在缓慢移动，经历数亿年的时间，原本融为一体

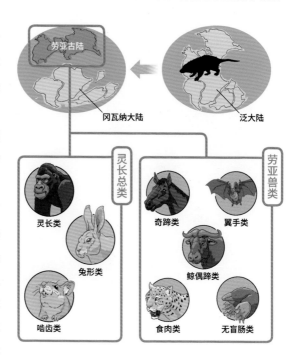

的大陆分成了几块，相互分离。在劳亚古陆出现之前，地球上所有的陆地都是连在一起的，称为泛大陆。哺乳动物就是在约2亿3000万年前，泛大陆存在的时代出现在地球上的。随后，泛大陆南北分裂，北方变为劳亚古陆，南方变为冈瓦纳大陆，劳亚兽类就是在北方的这片劳亚古陆上进化而来的。劳亚兽类还有一类姊妹亲戚——灵长总类，包括灵长类、兔形类和啮齿类动物。劳亚兽类和灵长总类合称为"北方真兽类"。

跑犀
Hyracodon

家族选手 ① » 第64页

今天，犀牛家族只有在非洲大陆上生存的白犀、黑犀两种，还有生活在东南亚的印度犀、爪哇犀和苏门答腊犀三种。这些犀牛都有结实的身躯，鼻尖上长角，但它们的祖先跑犀科动物却身形似马，有流线型的身体，也没有角。跑犀生活在新生代古近纪的始新世，栖息地

巨犀
Paraceratherium

家族选手 ② » 第66页

家族选手 ③ » 第68页

远角犀
Teleoceras

犀牛
家族的
历史

披毛犀
Coelodonta antiquitatis

现在　新生代　古近纪 始新世　中生代　古生代

也不在水边，而在平原。

　　跑犀科中，有史上最大的哺乳动物巨犀。今天的人们推测巨犀体长 8 米，体重最重可达 20 吨。同时，巨犀的脖子也很长，把头抬起来后身高可达 7 米，想必也是和长颈鹿一样，为了独享高处的树叶所致。

　　犀牛的亲戚有两类：一类是体形似河马的半水生动物，如远角犀；另一类是生活在第四纪冰河时期，为了适应寒冷气候体表被毛包裹的披毛犀、板齿犀。这个时期的犀牛有发达的角，板齿犀头顶上圆锥形的角甚至可达 2 米长。

　　综上所述，犀牛家族适应了不同的生活环境和生活方式，演化出了不同的体形。然而，人们为了得到犀牛的象征物 —— 犀牛角，偷猎现象接连不断，这是现在只剩 5 种犀牛的主要原因。受损尤为严重的是爪哇犀。爪哇犀主要生活在印度尼西亚的爪哇岛，是大型动物中最为珍稀的物种，目前数量已不到 50 头。2011 年，越南的最后一头爪哇犀被偷猎致死，爪哇犀在越南灭绝。

家族选手 ④ » 第70页

爪哇犀
Rhinoceros sondaicus

板齿犀
Elasmotherium

黑犀
Diceros bicornis

白犀
Ceratotherium simum

家族选手 ⑤ » 第72页

Hyracodon

跑犀

分类：**奇蹄目 犀总科 跑犀科**

栖息地：**北美洲**

　　现生犀牛都属于犀科，但祖先都属于另一个已经灭绝的科——跑犀科。目前人们认为犀科动物都是跑犀科的祖先遗留下来的后代（有人认为部分现生犀牛属于水犀科，但也有人认为水犀科可以并入犀科，此处不做讨论）。论起犀牛家族的历史，其祖先跑犀科在古近纪的始新世中期出现，分布于亚洲和北美洲，在渐新世时期发展壮大。进入新近纪后，跑犀科逐渐衰退，取而代之步入繁荣的就是从跑犀科进化而来的犀科。跑犀是在跑犀科早期就出现的动物，是犀牛最古老的祖先。它们的脚趾数和现生犀牛相同，前后脚都有 3 个脚趾，但没有现生犀牛壮实的体格。跑犀的大小和大型犬差不多，四肢纤长，身体轻盈。它们也没有现生犀牛漂亮的角，体形酷似马类的祖先始祖马（详见第 77 页）。跑犀生活在开阔、干燥的密林中，善于奔跑，"跑犀"和"跑犀科"的名字就是这么来的。

生存年代：

古近纪 始新世中期－渐新世后期

现在　　　新生代　　　　　　中生代　　　　　　　古生代

原始的犀牛祖先

犀科动物诞生前最

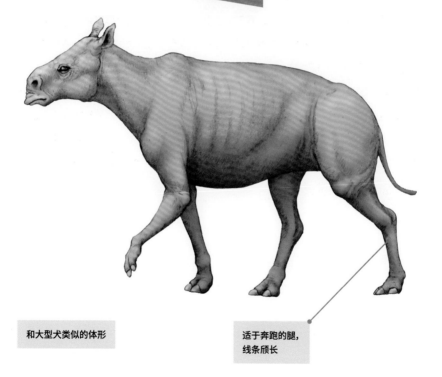

和大型犬类似的体形

适于奔跑的腿，
线条颀长

体长：**1.5**米

Paraceratherium

巨犀

分类：**奇蹄目 犀总科 跑犀科**

栖息地：**亚洲、欧洲**

有史以来，地球上出现过的最大陆生哺乳动物既不是大象，也不是长颈鹿，而是一种已经灭绝的犀牛祖先——巨犀。巨犀体长 8 米，肩高 4.5 米，若将头抬起来，总身高将近 7 米。同时，它们的上颌也和身高相配，变成了弯曲的喙状，用来取食高处的树枝和树叶。过去人们认为巨犀的身材肥胖，推测体重可达 30 吨，后来经过研究证明，它们的身体和跑犀一样，脖颈和四肢都很修长，推测体重最重 20 吨，最轻 6 吨。如果这个体重是准确的，那巨犀就和非洲象差不多重了。它们虽然身躯巨大，但跑动速度并不慢。巨犀的化石遍布欧亚大陆各处，除了"巨犀"，各地的科学家也给它们起过各种名字，如"印度巨兽""俾路支兽"，等等。但经过研究，人们发现这些都是同一种动物（同属），目前，这些名称都已取消，统一成了"巨犀"。

生存年代：

古近纪 渐新世后期

现在　　新生代　　　　　中生代　　　　　　古生代

陆生哺乳动物
地球史上最大的

从头到脚有两
层楼高

虽然身形巨大、四
肢很长，但跑得很
快，让人意外

体长：**8**米

Teleoceras

远角犀

分类：**奇蹄目 犀总科 犀科**

栖息地：**北美洲**

现生犀牛属于犀科，犀科由过去的跑犀科演化而来，一直存活到了今天。远角犀就是犀科的一员，繁荣于中新世到上新世前期。跑犀科动物的身体、四肢都比较纤长，但犀科的远角犀就不一样了，它们的身形粗壮，仿佛一个木桶，而且四肢极短，外貌和现生犀牛不怎么像，反而更像河马，所以人们预测它们的习性也和河马相似，生活在水边，过着半水栖的生活。观察犀科已灭绝的化石物种，可以发现除了远角犀，还有浑身长毛、非常耐寒的披毛犀等很多种，为了适应不同的生存环境，这些动物演化出了不同的外貌。而且，犀科动物在地域上的分布也非常广，只有南美洲、澳大利亚和南极洲没有它们的身影。原因是在犀牛出现在澳大利亚和南极洲之前，这两片大陆就成了孤岛。而南美洲则是因为生活在整片美洲大陆上的犀科动物于上新世前期灭绝，随后南、北美洲又被巴拿马地峡隔开，这里也就再也没有出现过犀牛了。

生存年代：

新近纪 中新世中期 — 上新世前期

现在　　　新生代　　　　　　　中生代　　　　　　　　　　古生代

更像河马体，说是犀牛，倒仿若木桶一般的身

身形粗壮

四肢极短

体长：**3.5米**

Elasmotherium

板齿犀

分类：**奇蹄目 犀总科 犀科**

栖息地：**亚洲、欧洲**

在体形上，现生犀牛仅次于大象，但板齿犀的体形巨大，就连大象都无法匹敌。它们的前额就像传说中的独角兽一般长有巨大的角，角的长度估测可达 2 米。不过，虽然这么说，但人们从没见过它们的角，所以无法确认。犀科动物的角不是骨质的，而是构成皮毛的角质，因此难以留下化石。在板齿犀颅骨的前额部分，有一块很大的粗糙隆起，这块隆起部位就是它们长角的角基。现生白犀（详见第 72 页）长有 1.5 米长的角，其角基直径大约为 25 厘米，而板齿犀的角基直径有 40 厘米，可见其角一定更大。板齿犀拖着这么大的身躯，这么长的角，你可能会以为它们的步行速度很迟缓，但它们的四肢较长，步伐也还算轻盈。板齿犀生活在距今至少 3.9 万年前，当时正值冰期，气候寒冷、干燥，它们就在草原上啃食硬草，以此为生。板齿犀的臼齿极为结实耐磨，这是由于食性而发生的特化。然而，特化之后的板齿犀无法再适应随后到来的环境条件变化，这也许正是它们最终走向灭绝的原因。

生存年代：

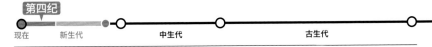

第四纪

现在　新生代　中生代　古生代

角兽一般的角犀牛，长有独生活在冰期的

推测长达 2 米的大角

能够耐受冰期的体毛

体长：5 米

Ceratotherium simum

白犀

分类：奇蹄目 犀总科 犀科

栖息地：非洲东南部

现生犀牛共 5 种，生活在非洲和东南亚。在这 5 种犀牛当中，白犀体形最大，体重可达 4 吨。数头个体组成小群体，白犀在非洲开阔的稀树草原上营群居生活。成年的雄性白犀单独行动，在固定的场所排便以标志领地。它们的性格十分沉稳，雄性之间虽然也会为了争夺地盘对撞犀角，但撞击一般都很轻，不会演变成激烈的冲突。白犀只有臼齿，没有门齿和犬齿，因此发达的嘴唇便发挥了牙齿的功能。它们的嘴唇又宽又平，形状非常适于取食地面上的植物。同样生活在非洲的黑犀也没有门齿和犬齿，利用嘴唇进食，但和白犀不同的是，它们喜欢吃低矮灌木的叶子。为了方便咬下叶片，黑犀的嘴变成了相对较尖的形状。白犀和黑犀在颜色上其实并没有太大的区别，那为什么人们会用颜色命名它们呢？原因众说纷纭，但流传最广的一种说法是，白犀的名称原本是用来描述它们的"宽"（wide）嘴唇，后来被人听错，误传成了白色的"白"（white）。这样一来，一个物种被称为"白犀"之后，人们就很自然地把另一个物种叫为"黑犀"了。这就是这两种犀牛名称的由来。

生存年代：

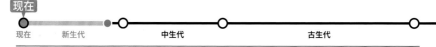

现在　　新生代　　　　　中生代　　　　　　古生代

白犀的『白』(white)原本是说嘴巴很『宽』(wide)?

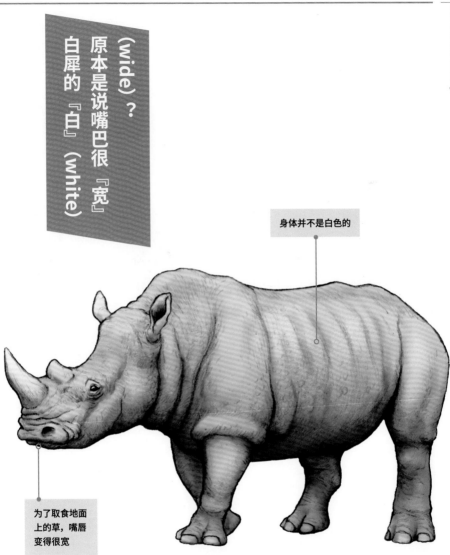

身体并不是白色的

为了取食地面上的草,嘴唇变得很宽

体长:**4**米

灭绝的奇蹄类动物

砂犷兽

王雷兽

雷犀

若要问你有蹄的食草动物都有什么，你第一个想到的动物就是牛和马吧！牛家族的蹄甲数目为偶数，因此被归为鲸偶蹄类；而马的蹄甲数目为奇数，因此是奇蹄类。鲸偶蹄类动物除了牛，还有骆驼、河马、长颈鹿和鲸，成员种类各异，栖息环境也非常广泛，从沙漠到海洋无所不及，但奇蹄类却只有马科、犀科和貘科三个科，在物种数量上远远不及鲸偶蹄类。然而在过去，要论多样性，奇蹄类其实是完全不输给鲸偶蹄类的。

已灭绝的奇蹄类动物中比较为人熟知的一个类别是雷兽类。雷兽类诞生在距今大约 5000 万年前，由早期的马演化而来，之后体形逐渐变大，头上也长出了形状各异的大角。乍看之下很像犀牛，但它们的角其实是骨骼的延伸。犀牛的角是角质的，也就是构成毛发的结构，相当于许多毛发硬化而成。在这一点上，雷兽类和犀牛很不一样。爪兽类也是已灭绝的奇蹄类动物。爪兽类十分特别，虽然食草，但没有蹄，四肢的钩爪十分发达，这类的代表物种有砂犷兽。砂犷兽的前肢比后肢长，后背倾斜，行走时前肢接触地面，这副样子仿佛不是马的祖先，反而更像是长着马脸的大猩猩。那个时代，由于气候变化，森林减少，草原扩张，食草动物被迫改变食性，这些古老的动物无法适应新环境，最终全部灭绝了。

[问题]

这是什么动物的远亲?

答案 下一页 →

马

化石种

始祖马
Hyracotherium

分类：奇蹄目马科

栖息地：北美洲

始祖马又叫"曙马"，是目前已知的最古老的马科动物，化石发现于始新世前期（约5000万年前）北美和欧洲的地层，身体仅有一只小羊一般大小。现生马的每只脚上只有一个脚趾进化成了漂亮的马蹄，而始祖马前足四趾，后足三趾，马蹄也远没有现生马那么发达。同时，始祖马的臼齿均为低齿冠，不如现生马的牙齿发达，因此喜欢吃比草更加柔软的树叶，生活在树木茂密的森林当中。

肩高：50厘米

生存年代：

古近纪 始新世前期

现在　　　　新生代

现生种

普氏野马
Equus ferus

分类：奇蹄目马科

栖息地：欧亚大陆的草原

普氏野马诞生于新生代。随着森林演变为草原，天敌食肉动物的视野也变得开阔起来，普氏野马为了躲避天敌变得善于奔跑。它们的四肢变长，脚趾退化，每只脚上只剩第三趾进化成了马蹄，适于在平原地区坚硬的土地上奔跑。为了取食比树叶更硬的草原植被，普氏野马的臼齿变厚，演化成了更耐磨的高冠齿。长久以来，普氏野马一直被人类驯化，当作家畜，野生种群已经灭绝。

肩高：1.5米

现在　　　　　　　　　　生存年代：

新生代

始猫
Proailurus lemanensis

家族选手 ① » 第80页

猫科是哺乳动物中捕猎能力十分优秀的一个类群，代表物种为狮和虎。从古至今，猫科动物都占领着顶级捕食者的地位，是食肉动物的强者。

最古老的猫科动物是生活在距今2500万年前的始猫。始猫有点像灵猫，体形细长，四肢较短，善于爬树，是一种树栖动物。始猫之后，在距今2000万年前出现的假猫也是一种善于在树上活动的动物。随着地球气候越来越寒冷、干燥，森林减少，草原扩

假猫
Pseudaelurus

似剑齿虎
Homotherium

家族选手 ② » 第82页

刃齿虎
Smilodon

家族选手 ③ » 第84页

猫科
动物的
历史

新生代　　　　中生代　　　　　古生代

现在　　古近纪 渐新世

张，猫科动物的生存环境开始逐渐往平原移动。同时，假猫也具有猫科动物标志性的发达犬齿。随着时间的推移，这种发达的犬齿就逐渐演化成了刃齿虎、似剑齿虎等动物口中长剑一般的獠牙了。

猫科动物擅长伏击，它们会悄悄接近猎物，然后利用出色的爆发力瞬间咬住猎物的喉咙，使猎物窒息而死。生活在距今 160 万—1 万年前的刃齿虎虽然奔跑速度慢，却有健壮的身体和巨大的犬齿，足以攻击皮厚的大型猎物。然而，在猛犸等大型猎物灭绝、敏捷的小型食草动物增多之后，因为无法适应环境的变化，这些猫科动物的祖先就纷纷灭绝了。

现生猫科动物里还有奔跑速度极快的猎豹、集团狩猎的狮子，以及虽属猫科，却喜欢栖息在水边的美洲豹等许多种。不过始终不变的是，它们依旧是狩猎其他动物的猎手。

美洲豹
Panthera onca

虎
Panthera tigris

家族选手 ④ » 第86页
猎豹
Acinonyx jubatus

家族选手 ⑤ » 第88页
狮
Panthera leo

Proailurus lemanensis

始猫

分类：**食肉目 猫科**

栖息地：**亚洲、欧洲**

猫科动物基本上都是食肉动物。作为捕食者，它们的身体已经高度特化，有许多适合捕猎的身体特征。从牙齿上看，猫科动物的犬齿很长，顶端尖锐，原本用来磨碎食物的臼齿，也演化出了适宜割肉的形状，变成了剪刀"刀刃"。不只是猫科动物，许多食肉动物都有臼齿，也因其强调了切割的机能而被命名为"裂肉齿"。始猫诞生于大约 2500 万年前，是最古老的猫科动物，其化石发现于西班牙、德国、蒙古等地，在欧亚大陆上广泛分布。始猫比如今的家猫略大，比生活在草原上的猫科动物小一些，身体细长，还有一条长尾巴，样子和灵猫相像。虽然始猫是目前已知最古老的猫科动物，在分类学上，它们却属于猫科的一个侧支，并不是后来的刃齿虎和现生猫科动物的直系祖先。现生猫科动物最早的祖先，是出现于距今约 2000 万年前的假猫（详见第 78 页）。

生存年代：

古近纪 渐新世 (2500 万年前)

现在　　新生代　　　　　中生代　　　　　　古生代

生活在树上最古老的猫，喜欢

臼齿为适于割肉的裂肉齿

体形细长

体长：**不明**

Homotherium

似剑齿虎

分类：**食肉目 猫科**

栖息地：**非洲、欧洲、亚洲、北美洲、南美洲**

　　从古至今，猫科动物威严的象征，都是它们口中尖锐、锋利的犬齿。很久以前，猫科动物中的刃齿虎繁荣，刃齿虎的犬齿又大又长，似剑齿虎就是刃齿虎类中的一种。而且，似剑齿虎的犬齿除了形似薄薄的刀刃，前后边缘还长出了粗糙的锯齿，仿佛一把牛排刀一样，非常适合切肉。从犬齿的结构我们可以看出，似剑齿虎和狮子的捕猎方式不同。狮子会将猎物直接咬死，而似剑齿虎的体形比狮子小一圈，猎物却都是像猛犸一样皮糙肉厚的大型食草动物。因此像似剑齿虎这样犬齿特殊的动物，就会利用它的犬齿咬伤猎物，使猎物流血不止，或者划破猎物的肚皮，使其内脏脱落致死。在美国的得克萨斯州，人们在一个洞穴中发现了多只成年似剑齿虎和幼崽的化石，可以判定它们以家族的形式在洞穴中生活。同时，这个洞穴还出土了多头猛犸的乳齿化石，证明似剑齿虎经常捕猎猛犸的幼崽，将其杀死之后拖进洞里食用。

生存年代：

第四纪 更新世

现在　　新生代　　　　中生代　　　　　　古生代

猛犸坚硬的皮肤牙齿似刀，能割开

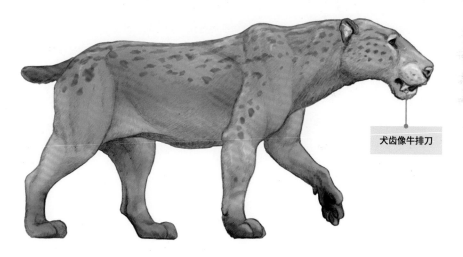

犬齿像牛排刀

生活在洞穴中

体长：**2**米

Smilodon

刃齿虎

分类：**食肉目 猫科**

栖息地：**北美洲、南美洲**

今天，刃齿虎已经成了刃齿虎类动物的"代言人"，是最具代表性的物种。刃齿虎的体格和狮子差不多，但体重可达狮子的两倍，上颌的犬齿长度足有 24 厘米，口腔的开度也能达到 90 度以上，是名副其实的血盆大口。它们可以把嘴巴张大，利用长牙一口刺穿猎物的喉咙，使猎物窒息而死。刃齿虎的肩膀和前肢也非常发达，力量很强，能够控制捕获的猎物，在猫科动物中算是非常能打的一种。不过，它们的后肢比较短，整个身体从肩膀到后背是倾斜的，而且奔跑时用来保持平衡的尾巴也很短，所以奔袭能力弱。由此可见，刃齿虎更善于捕猎猛犸等行动迟缓的大型食草动物，不善捕捉敏捷、轻快的小型食草动物。最新的刃齿虎化石是人们在美国佛罗里达州发现的，距今约 8000 年。那时，北美洲的冰期结束，气候剧变，再加上从欧亚大陆迁徙而来的人类产生的影响，猛犸等多种大型食草动物迅速灭绝，以此为食的刃齿虎无法及时改变食性，也就随之灭亡了。

生存年代：

第四纪 更新世

现在　　新生代　　　　　　　　中生代　　　　　　　　古生代

刃齿虎会张开血盆
大口，将巨大的犬
齿刺向猎物

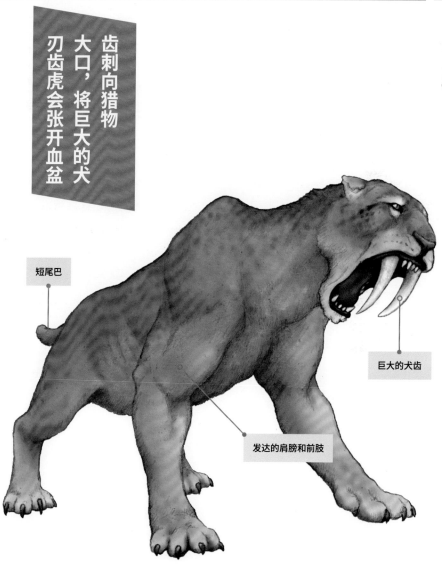

短尾巴

巨大的犬齿

发达的肩膀和前肢

体长：2米

Acinonyx jubatus

猎豹

分类：**食肉目 猫科**

栖息地：**非洲（热带雨林除外）、伊朗**

　　猎豹也属于猫科，为了快速奔跑，身体发生了多处特化，是陆地上奔跑速度最快的动物。猎豹以高角羚等小型食草动物为食，会一口气冲刺，追击猎物 100 ～ 300 米的距离。从冲刺开始算起，猎豹在 2 秒内就可以加速到 70 千米 / 时，曾创下超过 100 千米 / 时的最高速度纪录，因此奔袭 100 米只需要 3 ～ 4 秒钟。观察猎豹的身体，你会发现多种适于奔跑的特征。为了保证在奔跑时吸入足量氧气，它们的鼻腔变宽，相应地，犬齿变小。其他猫科动物的趾甲都可以缩进鞘内，但猎豹的趾甲有点类似于跑鞋的"鞋钉"，是无法回缩的。由此可见，猎豹为了快速奔跑，抛弃了自己的"武器"，因此和其他猫科动物相比，猎豹奔袭狩猎的成功率更高，但它们辛辛苦苦捕捉的猎物常被狮子（详见第 88 页）、鬣狗等力量强大的食肉动物夺走。猎豹自知不是对手，只好放弃猎物，黯然离开。此时，如果它们奋力反抗，结果受了致命伤，那还不如再次捕猎来得划算。

生存年代：

现在

| 现在 | 新生代 | 中生代 | 古生代 |

最高速度 100 千米 / 时

尾巴很长，奔跑时用来保持平衡

犬齿很小

趾甲无法回缩

奔袭猎手 草原上首屈一指的 为奔跑而进化，是

体长：1.5 米

Panthera leo

狮

分类：**食肉目 猫科**

栖息地：**撒哈拉沙漠以南的非洲、印度西北部**

　　狮子主要生活在非洲的草原和沙漠地带，印度西北部也有少量群体。狮子和老虎并称为猫科中最大的动物，雄狮和雌狮的外貌也有显著不同。雄狮的颈部长有威武的鬃毛，显得十分雄伟，被人们尊称为"百兽之王"，成了人类历史上至高无上的权力和恐怖的象征，常被人用作图腾。猫科动物大都独居，但狮子不同。它们有社会性，群居而行，群体中通常有 1～2 头雄狮和多头雌狮，以及 10～15 头幼狮。狩猎由雌狮负责，多头雌狮合作包围猎物，悄悄接近，由一边的雌狮发起进攻，另一边的雌狮潜伏着，准备捕获猎物。雄狮偶尔也会帮忙捕猎，但它们的鬃毛太显眼了，反而会帮倒忙。雄狮的鬃毛不适合捕猎，但可以让自己显得更大、更有威慑力，在它们与草原对手斑鬣狗抢夺食物的时候就大有用处了。鬃毛越浓密、颜色越深的雄狮越健康，力量也越强，在雌狮之间也就越受欢迎。

生存年代：

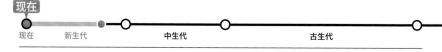

现在　　新生代　　　　中生代　　　　　古生代

拥有威武的鬃毛，被尊称为『百兽之王』的猫科动物

鬃毛是雄狮专有的

雌狮会团结起来，共同捕猎

体长：**2**米

食肉动物不可貌相

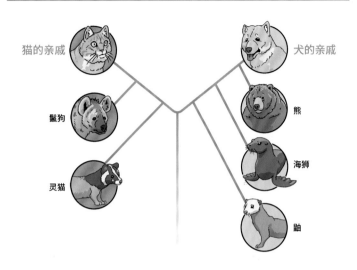

猫的亲戚

鬣狗

灵猫

犬的亲戚

熊

海狮

鼬

食肉类动物中有猫、犬、鬣狗、海豹等，这些类别中，大多数成员都是食肉动物，它们除了有发达的犬齿，臼齿也像小刀一样锋利，能够切肉。而这些食肉类动物还可以进一步分成两大类，即"猫的亲戚"和"犬的亲戚"。以前，猫、犬等陆生食肉动物被称为裂脚类，海狮、海豹等水生食肉动物被称为鳍脚类，但如今人们已经查实，海狮和海豹与熊类有亲缘关系，而熊类又是从犬类演化而来的，因此，海狮、海豹都成了犬的亲戚。那鬣狗呢？虽然鬣狗外貌像狗，且社会性强，看似和犬相似，但其实属于猫的亲戚。

食肉类动物的分类不可以简单地"以貌取人"，其依据在于耳朵内部的构造。在耳朵中，鼓膜内部的空间称为中耳，中耳由鼓室骨覆盖，猫科动物和犬科动物的鼓室骨结构是不同的。猫科动物的鼓室骨最初是由支撑鼓膜的环状骨骼变化形成的，而犬科动物的鼓室骨则是由新生的骨骼形成的。通过判断一只食肉动物鼓室骨的特征，我们就可以辨别它是猫的亲戚还是犬的亲戚了。

[问题]

这是什么动物的远亲？

答案 下一页 →

大熊猫

化石种

克氏熊猫

Kretzoiarctos beatrix

分类：食肉目 熊科

栖息地：欧洲

克氏熊猫生活在距今 1100 万年前潮湿的森林中，是大熊猫最古老的祖先。人们只在西班牙发现过克氏熊猫的牙齿化石，所以对它们的外貌、习性等都不太了解，只能从牙齿的特征判断它们和大熊猫有亲缘关系。有了这个发现，人们便重新开始猜想大熊猫也许并非起源于现在的栖息地中国，而是起源于欧洲。克氏熊猫和大熊猫不同，是一种体形较小的动物，体重只有大约 60 千克，可以敏捷地爬上树梢，逃避食肉动物的追击。

体长：1 米

生存年代：

新近纪 中新世

现在　　　　　　新生代

现生种

大熊猫

Ailuropoda melanoleuca

分类：食肉目 熊科

栖息地：中国西南部

野生大熊猫目前只生活在中国西南部海拔 1200～3900 米的深山竹林当中，其化石则广泛分布于中国、越南等地。大熊猫的食性历经 300 万年都没有发生什么变化，平时很少吃鱼、昆虫、果实之类的食物，几乎只靠吃竹子为生。在冰期气候剧变的时代，食物短缺，它们便吃起了唾手可得的竹子，渐渐养成了这种食性。但竹子很难消化，营养价值低，所以大熊猫只能不断地大量进食，每天吃下的一半食物其实都被浪费掉了。

体长：1.2～1.5 米

现在　　　　　　　　　　　生存年代：

新生代

大型啮齿动物的今昔

莫氏国父长尾豚鼠是目前已知的最大的啮齿动物，推测体重可达1吨。在莫氏国父长尾豚鼠被发现之前，人们曾认为2003年在南美洲委内瑞拉发现的巨鼠是最大的啮齿动物，体重推测为700千克。2008年，比巨鼠更大的莫氏国父长尾豚鼠的颅骨化石在南美洲的乌拉圭被发现，长度竟然达到了53厘米。这种动物生活在400万—200万年前的沼泽地带，以柔软

鼻孔向上，适合在水中生活

全长：**1.05～1.35米**

水豚

Hydrochoerus hydrochaeris

分类：**啮齿目 豚鼠科**
栖息地：**南美洲亚马孙河流域**

现　在　　　新近纪 上新世—　第四纪 更新世

第四纪　　　　　　　新近纪　古近纪

的陆生和水生植物、果实等为食。

现生啮齿动物中，体形最大的是水豚。水豚生活在水边，鼻孔向上，可以把身体潜入水中，只留鼻孔在水面上呼吸，甚至可以在睡觉时也保持这个姿势。雄性水豚的鼻腔里有臭腺，交配期到来时，雄性水豚会将分泌物蹭到树叶上，以此吸引雌性水豚。水豚的妊娠期比其他啮齿动物长，可达 150 天。

颅骨巨大，长约 53 厘米

体长：**3 米**

推测体重有 1 吨

莫氏国父长尾豚鼠

Josephoartigasia monesi

分类：啮齿目 长尾豚鼠科
栖息地：南美洲（乌拉圭）

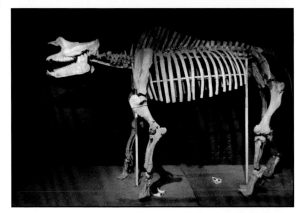

蒙古鼻雷兽

蒙古鼻雷兽属于专栏1（第74页）中介绍过的雷兽，由早期的马演化而来。发现于内蒙古，是亚洲已知最完整的雷兽骨架，介于原雷兽和大角雷兽之间的过渡类型。

三趾马

三趾马类最早在1100万年前的中新世晚期开始从美洲大陆跨越白令陆桥迁徙到亚洲，然后迅速扩散到欧洲和非洲，并演化出大量新物种。如今已灭绝。

恐怖短剑剑齿虎属猫科，剑齿虎亚科。图中头骨出土于山西，它可能就是用可怕的牙齿捕猎同时代的三趾马作为食物。

大熊猫包氏亚种的头骨。这种动物是现生大熊猫已灭绝的近亲，生活在中、晚更新世的广西。

巨鬣狗（头骨）

巨鬣狗是生活在晚中新世的一种大型食肉动物，其体重可能是现生鬣狗（第90页）的4倍。上图头骨发现于甘肃。

普氏野马

可看出脚趾进化成了马蹄。

岔路口

象与树懒的进化

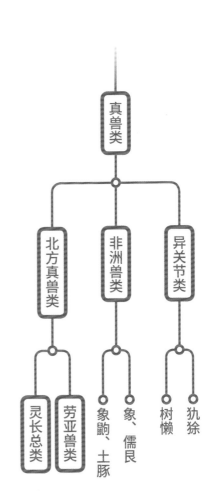

很早以前，地球上的大陆都是连在一起的，叫作泛大陆，最早的哺乳动物就是在这片泛大陆上诞生的。后来，由于地壳板块运动，泛大陆南北分离，北部变为劳亚古陆，南部变为冈瓦纳大陆。在前两章中，我们主要围绕着在北方的劳亚古陆上进化而来的北方真兽类动物展开了话题，在这一章中，我们会把视线转向在南方的冈瓦纳大陆上生活的其他真兽类动物的进化。

冈瓦纳大陆面积广泛，随后分裂成了非洲、南美洲、澳大利亚和南极洲，其中最早分离出去的是澳大利亚。然而，在澳大利亚大陆上很少发现真兽类动物的行迹，也就没在澳大利亚上繁荣。相反，如今这里成了树袋熊、袋鼠等有袋类动物的乐园。非洲和南美洲从冈瓦纳大陆分离之后，各大洲隔海相望，之前在冈瓦纳大陆生活的真兽类动物也在各自的大陆上独立地发生了进化。起源于非洲的真兽类动物组成了"非洲兽类"，其中包括从非洲走向世界的象，适应水栖环境的儒艮和海牛，还有非洲特有的土豚、蹄兔，等等。同时，生活在南美洲的真兽类动物组成了"异关节类"，包括树懒、犰狳、食蚁兽等，直到今天，它们都是南美洲大陆特有的动物种类。随着一片大陆的分裂，大陆上的哺乳动物也会变得越来越多样，冈瓦纳大陆就是一个实例。

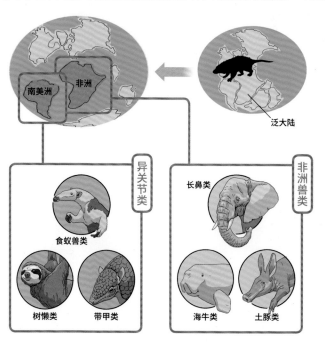

南美洲　非洲

泛大陆

异关节类

食蚁兽类

树懒类　带甲类

长鼻类

非洲兽类

海牛类　土豚类

虽然现生象只有非洲象和亚洲象两种，但过去已知的象家族成员却有将近 170 种。最古老的象祖先，是生活在 5800 万年前北美洲的磷灰兽，它们的腿很短，只有一只狗一般大，栖息在水边，以水生植物为食，不论是外貌还是习性都和一只小河马差不多。

家族选手 ① » 第102页

磷灰兽
Phosphatherium escuilliei

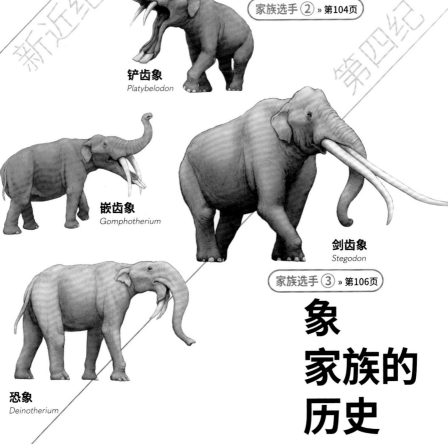

家族选手 ② » 第104页

铲齿象
Platybelodon

嵌齿象
Gomphotherium

剑齿象
Stegodon

家族选手 ③ » 第106页

象家族的历史

恐象
Deinotherium

新生代　　　中生代　　　古生代

现在　　古近纪

　　象的祖先都生活在平原地带，随着时间的推移，体形逐渐变大，四肢也变得越来越粗壮。由于身体增高，头的位置也跟着变高，嘴再也够不到地面上的植物和水源，于是脖子很短的象就决定伸长鼻子，并学会了灵活利用鼻尖。与此同时，下颌又长又发达的嵌齿象科动物也诞生了。这些动物可以利用下颌和下颌上长出的长牙刨地上的土，掘出植物的茎，或者割断树枝，取食树叶。嵌齿象科动物曾广泛分布于北半球，连日本都曾出土过仙台中华乳齿象等嵌齿象科动物的化石，而且后来的剑齿象科，以及猛犸、现生象所在的象科，也都是从这一科衍生出来的。这些物种的化石也在日本被发现过，比如亚洲象的著名近亲——纳玛象。

　　约 500 万年前，地球开始变冷，嵌齿象科动物因无法适应环境变化而灭绝。猛犸因全身长有长毛，耐受寒冷气候，便存活了下来。但后来，气候变暖，再加上人类和捕食动物的猎捕，猛犸也灭绝了。如今，人类为了取得象牙又不断捕猎，数量已经非常稀少的象已经处于灭绝的边缘。

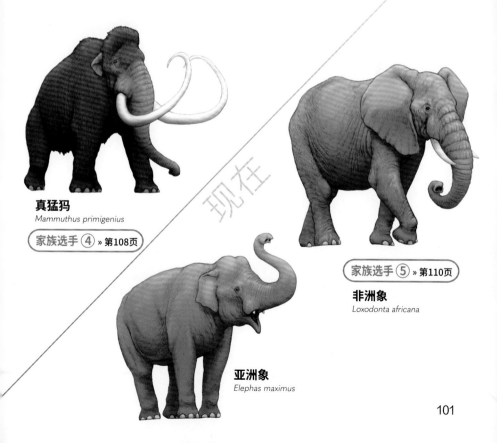

现在

真猛犸
Mammuthus primigenius

家族选手 ④ » 第108页

家族选手 ⑤ » 第110页

非洲象
Loxodonta africana

亚洲象
Elephas maximus

Phosphatherium escuilliei

磷灰兽

分类：**长鼻目 努米底亚兽科**

栖息地：**非洲北部**

　　磷灰兽是目前已知最早的象的史前远亲，生活在距今 5600 万年前的非洲北部。当时处于新生代古近纪的第一个阶段——古新世，地球气候逐渐变暖，空气湿润。磷灰兽虽然是象的远亲，但非常原始，体长只有 60 厘米左右，也完全没有象典型的长鼻子和大象牙，大小似狗，样貌像河马，生活习性都和河马差不多，应该也是喜欢生活在湿润环境中的水陆两栖动物，主要以水草为食。磷灰兽属于努米底亚兽科，在这个科的动物被认定为象的祖先类型之前，人们普遍认为生活在 3600 万年前的始祖象才是象最古老的祖先。始祖象比磷灰兽出现得晚，但体形一样粗壮，四肢较短，体长大约 1 米，人们想象它们也是食水草的水陆两栖动物。虽然始祖象的体形也和现生象相去甚远，但它们比磷灰兽看起来更像象。现生象最大的特征莫过于它们伸长的前齿，始祖象的前齿虽然没有伸长，但已经有了前突的迹象，而且它们的犬齿已经全部退化，这一点也和现生象一样。

生存年代：

古近纪 古新世后期

现在　　新生代　　　　　中生代　　　　　　　古生代

没有长鼻，也没有象牙

体形和狗相当

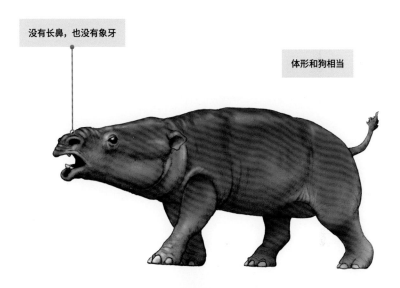

象的远亲
长相酷似河马的

体长：60厘米

Platybelodon

铲齿象

分类：**长鼻目 嵌齿象科**

栖息地：**亚洲、欧洲、非洲、北美洲**

　　食草动物在经历栖息地的变化，从森林迁往开阔的草原时，体形也在渐渐大型化。在这个过程中，牛、马等动物的祖先随着身体变大、后背变高，脖子也越变越长，这样它们的嘴就能够到地面上的草。然而，看看现在的象，你会发现它们和其他食草动物往不同的方向进化了。象的祖先脖子没有伸长，取而代之的是鼻子伸长了，并能灵活利用鼻子将地面上的草拔起来，运送到口中。不过，在象家族中，还有一类更奇特的，那就是嵌齿象科动物。象家族的前齿都很长，但嵌齿象科的动物比较原始，除了上颌的牙伸长，下颌的牙也不短，尤其是铲齿象，铲齿象站立时下颌甚至能碰到地面，其顶端长有铁锹一样的方形象牙。这种象牙能将植物连根拔起，还能当砍刀用，把树枝切断，但不论哪种用途，都是用于收集食物。嵌齿象科之后诞生的象的亲戚，下颌的象牙就逐渐退化了，上颌的象牙变得更加发达，主要用来炫耀。

生存年代：

新近纪 中新世

现在　　新生代　　　　　中生代　　　　　　　古生代

不只有鼻子
伸长的身体部位

伸长的鼻子

下颌伸长,顶端长有铁板一样的象牙

体长：**4米**

Stegodon

剑齿象

分类：长鼻目 剑齿象科

栖息地：亚洲

象家族有象科、嵌齿象科、乳齿象科等，这些类别都源于非洲，剑齿象科的起源却是亚洲（中南半岛附近），在日本也出土过许多剑齿象科动物的化石。曙光剑齿象是生活在 200 万年前的一种小型剑齿象，在日本以外的国家还没有发现过该种化石，因此它被认定为日本的特有种。除此以外，日本还发现过生活在约 400 万年前的三重剑齿象，这种剑齿象比非洲象的体形还大，体长可达 8 米。除了拥有象类标志性的长牙，剑齿象的臼齿也是一个特征。我们人类的乳牙脱落后，会从下方长出永久性的恒牙，这种换牙方式被称为垂直换牙。而现生象、猛犸等象科动物，在口腔内部的上下左右方向各有一颗大臼齿，在这颗臼齿磨损后，新的臼齿就会从颌骨中钻出来，一边把旧的臼齿顶出去，一边像传送带一样向前长，这种换牙方式叫水平换牙。象科的近亲剑齿象科也有这种特征。体形巨大的象，每天需要进食大量植物，且它们的寿命都很长，所以必须长久地保持臼齿的功能。轮流让臼齿萌出，进行水平换牙，就是它们对此做出的适应。

生存年代：

新近纪 上新世 — 第四纪 更新世

| 现在 | 新生代 | 中生代 | 古生代 |

式
的
水
平
换
牙
机
制
已
经
发
展
出
了
传
送
带

臼齿的换牙方式和
现生象相同

没有"牙缝"，并排
排列的两根长牙

鼻子甩在两根象牙旁边

体长：**8**米

Mammuthus primigenius

真猛犸

分类：长鼻目 象科

栖息地：从欧亚大陆北部到北美洲北部

　　说起猛犸，你首先想到的应该就是生活在冰河时期的极北大地上，身披长毛的真猛犸了。其实猛犸有好几种，也有不长体毛，生活在温暖地区的猛犸。而且，猛犸的故乡其实和人类的一样，处于热带的非洲；甚至它们的诞生时间都和人类差不多，为距今 500 万—400 万年前。大约 300 万年前，猛犸从非洲迁移到了欧亚大陆。后来，在冰期降临之后的距今约 10 万年前，真猛犸出现了。它们广泛栖息在冰河时期的西伯利亚和北美洲北部草原上，极为耐寒，因此迎来了空前的繁荣。然而，人类逐渐掌握了制衣技术，具备了抵御寒冷的工具，于是入侵了猛犸的栖息地。人类的过度捕杀，加上冰期结束，气温回暖，植被种类发生变化，食物缺乏，真猛犸的数量也逐渐减少了。在北冰洋中漂浮的弗兰格尔岛上，人们发现了生活在约 3700 年前的最后真猛犸的化石。

生存年代：

第四纪 更新世—全新世

现在　　　新生代　　　　　中生代　　　　　古生代

浑身长毛的象，
生活在冰期，

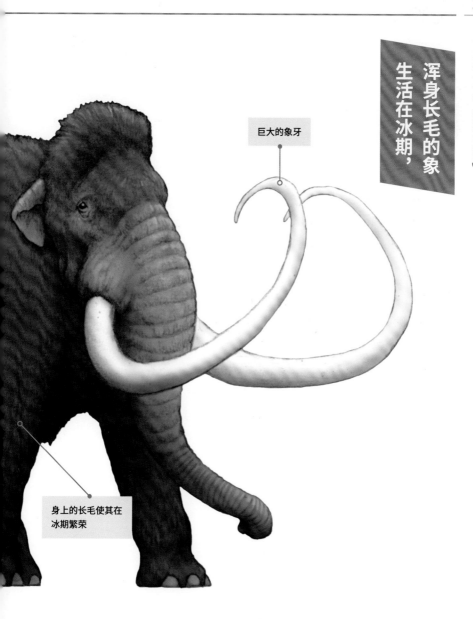

巨大的象牙

身上的长毛使其在
冰期繁荣

体长：**5**米

Loxodonta africana

非洲象

分类：长鼻目 象科

栖息地：撒哈拉沙漠以南的非洲

　　非洲象是现生陆生动物中体形最大的。除非洲象外，现生象只有亚洲象，但它们的体形差别极大，而且非洲象还长有巨大的耳朵，这更给它们增添了一分威严。也许，非洲象的耳朵是从古至今所有象家族里最大的。而且对非洲象来说，这对耳朵也有很大的作用。非洲象的体形健壮，容易积蓄体温，非洲热带草原上的阳光毒辣，因此必须做好防暑的对策，此时，它们只要呼扇大耳朵，就能带走多余的热量，起到调节体温的作用。另外，它们将耳朵竖起还能威吓敌人。成年的非洲象堪称庞然大物，没有天敌，雌性会和受保护的幼崽一起组成象群，雄性幼崽一旦长到 12～16 岁就会离开象群，或独居或与其他年轻雄象一起生活。东京大学教授的最新研究表明，非洲象的嗅觉极其灵敏，控制嗅觉受体功能的基因种类是狗的两倍，人的 5 倍。嗅觉受体能够捕捉空气中的气味分子，因此非洲象能闻到狗都闻不出来的气味。据说，非洲象能利用这种能力判断来者是捕猎它们的马赛人还是与它们和平共处的坎巴人，如果是马赛人就赶紧躲避。

生存年代：

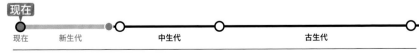

现在

现在　　新生代　　　　中生代　　　　　　古生代

可以灵活利用长长的鼻子和巨大的耳朵，是陆地上最大的现生动物

通过呼扇巨大的耳朵调节体温

嗅觉能力是狗的两倍

体长：**7**米

今昔

儒艮的

儒艮属海牛类，这一类动物的祖先过去是会走路的。人们曾在牙买加的古近纪始新世地层中发现过陆行海牛的化石，这是一种生活在5000万年前加勒比海沿岸的动物，是目前已知最早的海牛类祖先。陆行海牛的学名"Pezosiren"原意为"行走

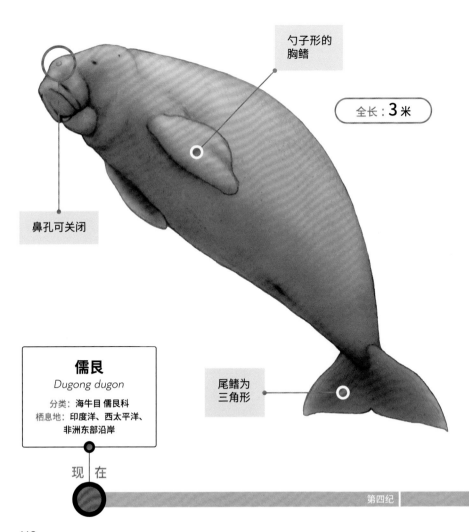

勺子形的
胸鳍

全长：**3**米

鼻孔可关闭

尾鳍为
三角形

儒艮
Dugong dugon

分类：海牛目 儒艮科
栖息地：印度洋、西太平洋、
非洲东部沿岸

现　在

第四纪

的人鱼"，是在 2001 年发现化石时定名的。它们属于半水栖动物，可以用四肢在陆地上行走。陆行海牛主要的活动区域在水中，但没有胸鳍，和现生的儒艮、海牛完全不同。

　　海牛类中，鲸和海豹等都是海生哺乳动物，但海牛类动物是其中唯一一种食草动物，主要以海草为食。由于儒艮偏食大叶藻、喜盐草等海草，所以栖息地仅限于这些海草生长的热带浅海地区。为了消化这些纤维含量大的海草，儒艮的肠道可以长达 45 米。

体长：**2** 米

可用四足行走

陆行海牛
Pezosiren

分类：**海牛目 始新海牛科**
栖息地：牙买加

古近纪 | 始新世前期

新生代

新近纪

古近纪

今昔 犰狳 的

异关节类动物还可细分为两个类别：身披鳞甲的"带甲类"，如犰狳等，和由食蚁兽、树懒组成的"披毛类"。其中，带甲类出现得更早，在古近纪古新世约5600万年前的地层中，人们就已经发现了最早的带甲类动物祖先。生活在新近纪上新世的包甲兽，则是进一步进化之后的犰狳的近

身体不能蜷缩成球

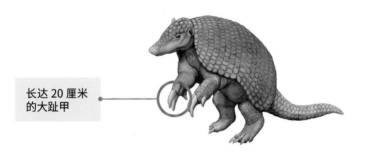

长达20厘米的大趾甲

体长：0.75～1米

大犰狳
Priodontes maximus

分类：异关节总目 带甲目 犰狳科
栖息地：南美洲（阿根廷、巴拉圭）

现在

新近纪 上新世

第四纪

亲，体形不小，体长将近 3 米，拥有半球形的"盔甲"。它们的头上也包着骨甲，尾巴上长有小小的骨刺，一副全副武装、防范敌人的样子。

现生犰狳家族的体形和包甲兽完全比不了，大犰狳从头顶到尾巴尖一共只有 1.5 米长。大犰狳生活在森林和草原地区的水边，前肢力量强劲，趾甲长 20 厘米，可以挖洞藏身，安然度日。它们虽然长成圆滚滚的样子，但其实并不能把身体蜷缩成球，遭到天敌追捕时，只能快速挖出一个洞来逃脱。

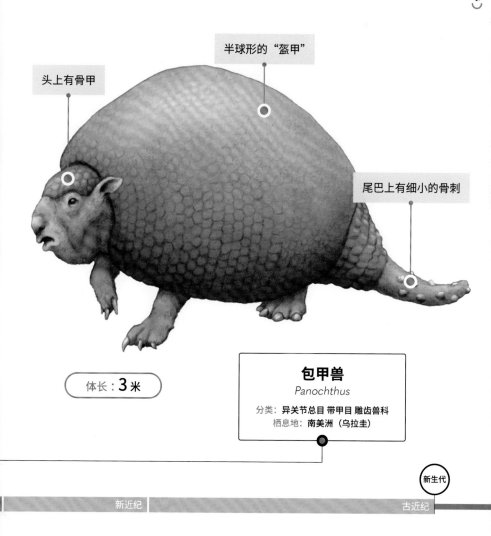

头上有骨甲

半球形的"盔甲"

尾巴上有细小的骨刺

体长：**3 米**

包甲兽
Panochthus

分类：**异关节总目 带甲目 雕齿兽科**
栖息地：**南美洲（乌拉圭）**

新生代

新近纪

古近纪

索齿兽的进化之路

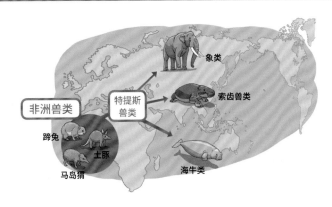

非洲兽类

特提斯兽类

象类

索齿兽类

海牛类

蹄兔

土豚

马岛猬

你知道土豚、马岛猬、蹄兔这些动物吗？它们是只生活在非洲大陆和马达加斯加岛上的动物。这些动物也属于非洲兽类，但没有离开非洲，分布到全世界，而是成了非洲特有的物种。除了它们，很多非洲兽类都离开了故乡非洲，走向了世界，比如象类、海牛类，等等。象的祖先从非洲大陆出发，最远的化石埋在了南美洲，可以说走遍了全世界。而儒艮和海牛等海牛类和鲸一样，因为一直生活在水中，也游遍了全世界的海洋。不过，海牛类和鲸不同，它们都吃草，所以只分布在热带地区的浅海区域，取食大叶藻等水生植物，未曾涉足深海。

除了象类和海牛类，其实还有一类非洲兽类也离开了非洲大陆，这就是已经灭绝的索齿兽类。因为这三类动物的亲缘关系较近，进化的区域又都在特提斯海周边，所以合称为"特提斯兽类"，象类为陆生，海牛类为水生，索齿兽类为水陆两栖。然而，它们之中，只有索齿兽类在约 1000 万年前灭绝了。目前人们已知的索齿兽类代表物种有古索齿兽和金星索齿兽，它们复原出来的样子大概就和现生的河马与海豹的结合体差不多。索齿兽类动物的化石在日本很多产，人们也曾发现过品相完好的索齿兽类的全身骨骼化石。它们是日本引以为傲的古代哺乳动物之一。

问题

这是什么动物的远亲？

答案 下一页 →

树懒

化石种

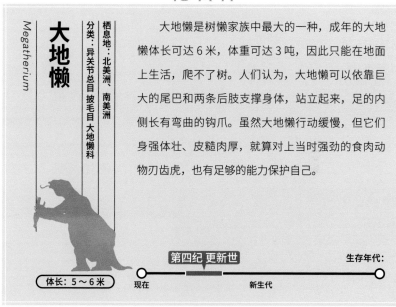

大地懒 *Megatherium*

分类：异关节总目 披毛目 大地懒科

栖息地：北美洲、南美洲

大地懒是树懒家族中最大的一种，成年的大地懒体长可达6米，体重可达3吨，因此只能在地面上生活，爬不了树。人们认为，大地懒可以依靠巨大的尾巴和两条后肢支撑身体，站立起来，足的内侧长有弯曲的钩爪。虽然大地懒行动缓慢，但它们身强体壮、皮糙肉厚，就算对上当时强劲的食肉动物刃齿虎，也有足够的能力保护自己。

第四纪 更新世

体长：5～6米

现在　　　　　　　　新生代　　　　　　生存年代：

现 生 种

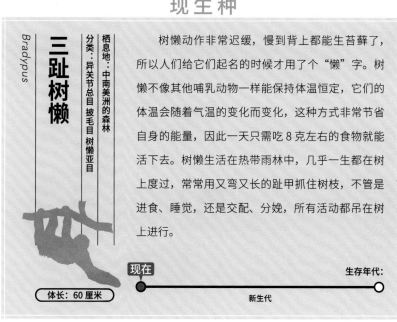

三趾树懒 *Bradypus*

分类：异关节总目 披毛目 树懒亚目

栖息地：中南美洲的森林

树懒动作非常迟缓，慢到背上都能生苔藓了，所以人们给它们起名的时候才用了个"懒"字。树懒不像其他哺乳动物一样能保持体温恒定，它们的体温会随着气温的变化而变化，这种方式非常节省自身的能量，因此一天只需吃8克左右的食物就能活下去。树懒生活在热带雨林中，几乎一生都在树上度过，常常用又弯又长的趾甲抓住树枝，不管是进食、睡觉，还是交配、分娩，所有活动都吊在树上进行。

现在

体长：60厘米

　　　　　　　新生代　　　　　　生存年代：

无法进化成鲸的有袋类动物

现生哺乳动物绝大多数都属于真兽类（有胎盘类），但剩下的物种都属于另一大类——有袋类，最有名的例子就是澳大利亚大陆的知名物种袋鼠和树袋熊，以及生活在南、北美洲的负鼠。真兽类动物和有袋类动物最大的区别在于繁殖方法。我们人类就属于真兽类，真兽类的孕育从受精卵分裂开始。受精卵多次分裂，最终形成胎儿。在这个分裂出的细胞团中，我们能够明显地分辨出一个卵黄囊。卵黄囊的作用是为胚胎提供营养。随着胚胎的发育，卵黄囊会逐渐消失，逐渐形成胎盘，通过胎盘，胚胎就能从母体得到营养和氧气，最终发育成熟，出生。然而，有袋类动物是没有胎盘的，胚胎还没有发育成熟时就会被娩出，然后进入母亲腹部的育儿袋，喝母乳继续发育。这种繁殖方式说明有袋类动物比真兽类动物落后，但其优势在于缩短了雌性的妊娠期，在幼崽进入育儿袋发育的同时，母亲就可以再次交配、怀孕。很早以前，澳大利亚大陆曾出现过一段真兽类动物和有袋类动物混居的时期，但后来有袋类动物逐渐占得优势，真兽类动物就灭绝了。可

鼯鼠

狼

小食蚁兽

真兽类

鼹鼠

以说，有袋类动物效率更高的繁殖方式在这里功不可没。

真兽类动物灭绝后，有袋类动物就在澳大利亚大陆独立进化，由此出现了各种各样的物种。可是，观察一下如今生存在澳大利亚的有袋类动物，你会发现它们的模样大都和生存在其他大陆上的真兽类动物很相似。比如，在欧亚大陆和北美洲有一种松鼠的亲戚——鼯鼠，鼯鼠会在树木之间滑翔，而澳大利亚的有袋类动物中也有和鼯鼠酷似的蜜袋鼯，生活方式也一样。除此之外，澳大利亚还有和鼹鼠相似的袋鼹，和食蚁兽相似的袋食蚁兽，已灭绝的化石种中还有和狼相似的袋狼，等等。由此可见，虽然真兽类动物和有袋类动物是完全不同的两个类别，但如果它们在相同的生态位上分别独立进化，也可以互不影响地产生相似的特征，这种现象叫作"趋同进化"。

不过，有袋类动物和这么多真兽类动物都进化出了相似的特征，却始终没能踏上一条进化道路，那就是鲸和海牛的水栖之路。有袋类动物中唯一一种适应水下生活的是蹼足负鼠，但它们也不能终生生活在水下。而鲸却连分娩都在水下进行，幼鲸出生后可以立刻开始游泳，自行游上水面进行肺呼吸，这一点对未发育成熟的有袋类动物幼崽来说是完全不可能的。因此，有袋类中就不会存在"袋鲸"了。

蜜袋鼯

袋狼

袋食蚁兽

袋鼹

有袋类

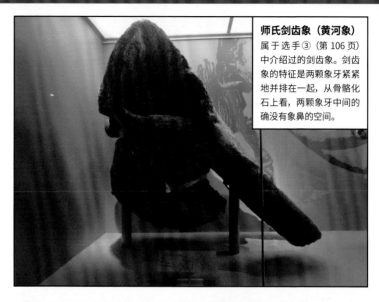

师氏剑齿象（黄河象）
属于选手③（第 106 页）中介绍过的剑齿象。剑齿象的特征是两颗象牙紧紧地并排在一起，从骨骼化石上看，两颗象牙中间的确没有象鼻的空间。

黄河象是中国迄今发现的体型最大的剑齿象类骨架之一。

坦氏铲齿象（头骨）

属于选手②（第104页）中介绍过的铲齿象。长长的下颌顶端有铁板一样的象牙。

去博物馆和动物园看看

**猛犸象
（成年个体臼齿）**

**猛犸象
（幼年个体臼齿）**

猛犸象

在选手④（第108页）中介绍过的猛犸象。两颗象牙格外威风。

4

鸟类、恐龙与爬行动物的故事

恐龙并未消失

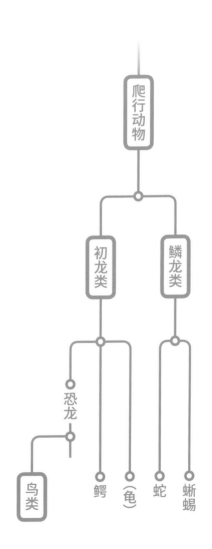

爬行动物

初龙类　鳞龙类

恐龙

鸟类

鳄　（龟）　蛇　蜥蜴

在前三章中，我们讨论了很多哺乳动物的家族成员与历史，但动物界不只有哺乳动物。接下来，就让我们看一看和哺乳动物在分类上相去甚远的鸟类和爬行类吧。粗略地给现生爬行动物分一下类，可以分为蜥蜴、蛇、龟、鳄这几类，但在过去，地球上还生活过许多其他类别的爬行动物。把已灭绝的物种也算进来，爬行动物可以分为两个大类，即"初龙类"和"鳞龙类"。将现生爬行动物套入这个分类，蛇和蜥蜴属于鳞龙类，而鳄属于初龙类（龟经过基因分析可判定为初龙类，但争议较大，此处不做讨论）。换句话说，蛇和蜥蜴就是存活至今的鳞龙类爬行动物，鳄就是存活至今的初龙类爬行动物。对了，鸟类也属于初龙类，因此，在爬行类中，鳄和鸟类的亲缘关系要比蛇、蜥蜴更近。鳄和鸟类在外观上有天壤之别，可为什么它们会是近亲呢？这是因为鳄和鸟类之间存在着巨大的空白，已经灭绝的恐龙就可放在这片"空白"之中。大约 2 亿 3000 万年前，和鳄相似的爬行动物进化成了最早的恐龙，发展壮大，然后，恐龙的一支又进化成了鸟类。最初，鸟类属于恐龙，和其他类的恐龙共同生活了 1 亿年以上。然而，6600 万年前，一颗巨大的陨石撞击了尤卡坦半岛，地球环境大变，鸟类以外的恐龙灭绝了。但鸟类存活了下来，继承了恐龙的基因，并在日后继续繁衍、强盛，直到今天，成了天空的霸主。

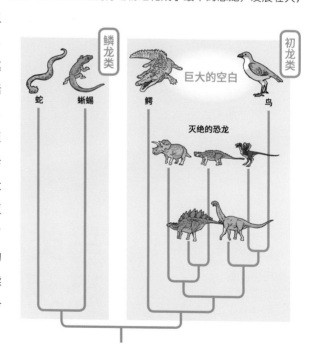

鸟类是由恐龙进化而来的，这已经成了一个不可动摇的定论，根据来自原始中华龙鸟。原始中华龙鸟属于兽脚类的虚骨龙类，1995 年，人们挖掘出了这种动物的全身骨骼化石，后来确认它们从后背到尾巴都长有羽毛。全身（至少是后背）被羽毛覆盖，这成了认定恐龙和鸟类之间有亲缘关系的有力证据。

家族选手 ① » 第128页

始祖鸟
Archaeopteryx

孔子鸟
Confuciusornis

原始中华龙鸟
Sinosauropteryx prima

家族选手 ② » 第130页

顾氏小盗龙
Microraptor gui

家族选手 ③ » 第132页

鸟类和恐龙的历史

侏罗纪后期

新生代　　　　中生代　　　　　　古生代

现在　　　　　　　　侏罗纪后期

除了原始中华龙鸟，人们还发现过生活在 8000 万年前的嗜角偷蛋龙化石。化石呈现的嗜角偷蛋龙刚刚在巢穴中产卵，正在孵卵。而在虚骨龙类恐龙中相当接近鸟类的，要数驰龙科的顾氏小盗龙。这种恐龙的前后肢均长有羽翼，可以飞行。除了体形娇小、骨架轻巧的物种，虚骨龙类恐龙中也有全长 12 米、体重 6 吨的庞然大物——霸王龙。实际上，霸王龙最古老的祖先中，也有长羽毛、体形小巧的物种，所以也有人说，霸王龙的后代有可能长有羽毛。

长羽毛的恐龙多见于白垩纪地层，由恐龙进化而来的最古老的鸟类——始祖鸟，却诞生于 1 亿 5000 万年前的侏罗纪。始祖鸟有和现生鸟类相似的牙齿排列方式，翅膀上有钩爪，爪有三趾，尾巴很长，但同时它们也有相似的恐龙的特征。始祖鸟诞生后，鸟类和恐龙共同繁荣了很久。在白垩纪末期生物大灭绝期间，环境条件剧变，恐龙灭绝，但会飞的鸟类活了下来。之后，鸟类在寻找交配对象的过程中将栖息地扩散到了全世界，不断繁荣发展，直到今天。

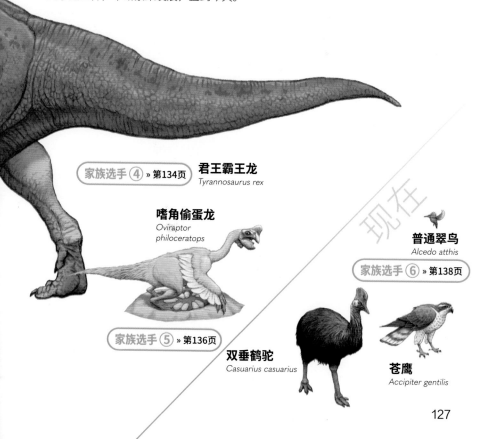

家族选手 ④ » 第134页 **君王霸王龙**
Tyrannosaurus rex

嗜角偷蛋龙
Oviraptor philoceratops

普通翠鸟
Alcedo atthis

家族选手 ⑥ » 第138页

家族选手 ⑤ » 第136页

双垂鹤驼
Casuarius casuarius

苍鹰
Accipiter gentilis

Archaeopteryx

始祖鸟

分类：**蜥臀目 始祖鸟科**

栖息地：**欧洲（德国）**

　　鸟类是恐龙的后代，著名的始祖鸟就是这种说法的有力证据。始祖鸟被称为"最原始的鸟"，如今，鸟类一般都被定义为"由始祖鸟进一步进化来的恐龙"。始祖鸟有漂亮的羽翼，却不会振翅，只能在树枝和树枝之间滑翔，因此是最原始的鸟。振翅需要特殊的肌肉，支持这种肌肉的是一种特殊的骨骼，叫作龙骨突，始祖鸟没有龙骨突。不过，人们通过观察始祖鸟的脑结构，发现它们的半规管很发达，飞行必需的平衡感很强。1861 年，人们在德国的侏罗纪末期地层首次发现了始祖鸟化石，而后又找到了多个保存完好的化石。化石表明，始祖鸟已经进化出了飞羽，表面上看起来形似现生鸟类，但其口腔中有尖锐的牙齿，翅膀上长有三趾的钩爪，尾巴很长，还有众多类似恐龙和爬行动物的特征。1859 年，在始祖鸟为人所知之前，生物学家查尔斯·达尔文在著作《物种起源》中提出了"进化论"，即现在地球上的各种生物是由共同祖先经过漫长的时间演变而来的，因此各种生物之间有着或远或近的亲缘关系。同时拥有鸟类和爬行动物特征的始祖鸟，也成了支持"进化论"的强有力的证据。

生存年代：

侏罗纪后期（约 1 亿 5000 万年前）

现在　　新生代　　　　　中生代　　　　　　古生代

『进化证据』
连接恐龙和鸟类的

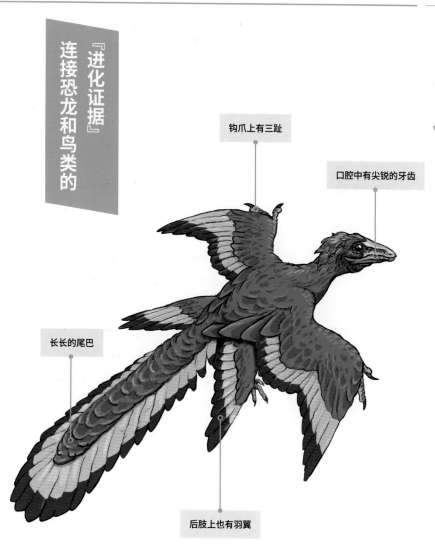

钩爪上有三趾

口腔中有尖锐的牙齿

长长的尾巴

后肢上也有羽翼

全长：**50**厘米

Sinosauropteryx prima

原始中华龙鸟

分类：兽脚类 虚骨龙类 美颌龙科

栖息地：中国

　　原始中华龙鸟的化石发现于 1996 年中国辽宁省的热河生物群地层中。人们震惊地发现，原始中华龙鸟的化石上有羽毛的痕迹，这表明鸟类以外的恐龙也能长出羽毛。在这之后，中国又发现了多种长有羽毛的恐龙化石，今天，"有羽毛恐龙"一词已经成了恐龙大家族中的一个特定类别。原始中华龙鸟的羽毛没有鸟类羽毛那么复杂的结构，只有长约 5 毫米的纤维状物质，被称为"原羽"。原始中华龙鸟体形较小，算上长尾巴一共只有 1 米长，所以为了御寒保暖才"穿"上了一身羽毛。人们不断研究它们的羽毛，在 2010 年，发现了能产生黑色素的细胞器 —— 黑素体。在发现黑素体前，人们只能靠想象描绘恐龙等古生物的颜色，从此，就可以根据黑素体的形状和分布，参考现生生物来推测古生物的体色了。由此判断，原始中华龙鸟的腹部应该是较浅的颜色，后背和眼睛周围是暗橙色，尾巴带有条纹。

生存年代：

白垩纪前期 （约 1 亿 3000 万年前）

现在　　新生代　　　　　中生代　　　　　　古生代

多彩的印象？
给人留下既柔软又
身覆羽毛的恐龙，

发现黑素体，证明
尾巴上有条纹

羽毛具有保温效果

全长：**1**米

Microraptor gui

顾氏小盗龙

分类：兽脚类 虚骨龙类 驰龙科

栖息地：中国

　　说起鸟类飞翔的起源，自始祖鸟（详见第 128 页）以来最重要的发现，就是 2003 年发现的顾氏小盗龙。顾氏小盗龙是和鸟类非常相似的一种恐龙，从出土的全身化石来看，它们的前肢和后肢都有发达的飞羽，这是现生鸟类用来飞行的结构，也就是说，它们的四肢各有一只翅膀。发现顾氏小盗龙后，人们又陆续发现了近鸟龙、长羽盗龙等四翼恐龙新种，并在 2006 年指出，最古老的始祖鸟的后肢上也有羽毛，也是四翼。如此看来，虽然四翼的特征看起来有点奇怪，但很可能是刚学会飞行的鸟类祖先和与鸟类相近的恐龙的一个"标配"。和始祖鸟一样，顾氏小盗龙也没有振翅必需的肌肉和支持肌肉的龙骨突。因为它们有四只翅膀，所以滑翔时的滞空时间就会延长，滑翔的距离也会更长。如今，人们认为，在顾氏小盗龙之后，出现了振翅能力有所提高、后肢翅膀退化了的鸟类，才逐渐变成了今天自由飞翔的鸟类。

生存年代：

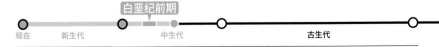

白垩纪前期

现在　　新生代　　　　　中生代　　　　　　　古生代

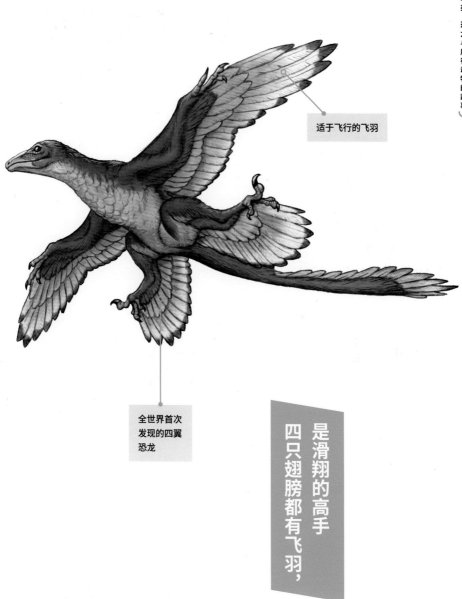

适于飞行的飞羽

全世界首次
发现的四翼
恐龙

是滑翔的高手
四只翅膀都有飞羽，

全长：**80**厘米

Tyrannosaurus rex

君王霸王龙

分类：兽脚类 虚骨龙类 暴龙科

栖息地：北美洲

对是否长有羽毛
一直争议不断

咬合力是湾鳄的 3.6 倍

君王霸王龙生活在恐龙时代末期，是当时最大的食肉恐龙。它们虽然属于虚骨龙类，却一反常态，进化出了巨大的身躯。虚骨龙类恐龙一般都是小型的有羽毛恐龙，

全长：**12 米**

生存年代：

白垩纪末期 (约 6600 万年前)

现在　　新生代　　　　中生代　　　古生代

最强劲的恐龙
有羽毛恐龙中

在虚骨龙类恐龙中拥有巨大的身躯

连鸟类也包含在这个分类当中。君王霸王龙人称"最强的恐龙"，把食肉动物的特征表现得相当极致，上颌宽大，下颌收紧，咬合力十分惊人。一般人可能会认为鳄类动物的咬合力很强，尤其是身体粗壮的湾鳄（详见第 168 页），它们的咬合力是 16000 牛顿，但君王霸王龙的咬合力估测可达 57000 牛顿。而且，君王霸王龙的牙齿很粗，顶端是钝的，不像利刃一样适于切割，而是像裁断机一样，适合咬碎猎物的骨骼，之所以这么说，是因为人们曾在君王霸王龙的粪化石中发现过许多猎物的骨骼碎片。在研究君王霸王龙的颅骨化石时，人们发现它们的嗅球非常发达，大到与脑不成比例。可见，君王霸王龙是依靠嗅觉来感知远处的猎物或藏在阴暗处的猎物位置的。

135

Oviraptor philoceratops

嗜角偷蛋龙

分类：兽脚类 虚骨龙类 偷蛋龙科

栖息地：蒙古国

　　偷蛋龙，顾名思义，就是偷恐龙蛋的小偷。之所以给它们起这么个名字，和它们的化石发现于一窝恐龙蛋化石附近有关。偷蛋龙的喙又粗又短，人们曾以为这是为了敲开卵壳，把偷来的蛋吃掉。结果没想到，1993年，人们发现了一只嗜角偷蛋龙化石，姿势正好是立在一窝自己的蛋上。它身下的卵中是还未孵化出来的嗜角偷蛋龙幼崽（不过，也有人说这个化石不是嗜角偷蛋龙，而是它的近亲葬火龙）。从那以后，人们改变了它们"偷蛋而生"的看法，认为它们和鸟类一样，都是在窝里孵卵。进一步研究则证明，在窝里给恐龙蛋保温的是雄性。孕育出卵需要大量钙质，因此进入产卵期的雌鸟，就会在骨骼中形成"髓质骨"，用来储存钙质。人们并未在孵卵的嗜角偷蛋龙化石中发现髓质骨，因此指出这是一只雄性嗜角偷蛋龙。在现生鸟类中，雄鸟孵卵的现象并不罕见，例如鸸鹋、双垂鹤鸵等，孵卵和照顾幼鸟的工作都是由雄鸟来完成的。

生存年代：

| 现在 | 新生代 | 中生代 | 古生代 |

白垩纪后期 (约7500万年前)

好爸爸？
其实是个关心孩子的
世所罕见的『小偷』，

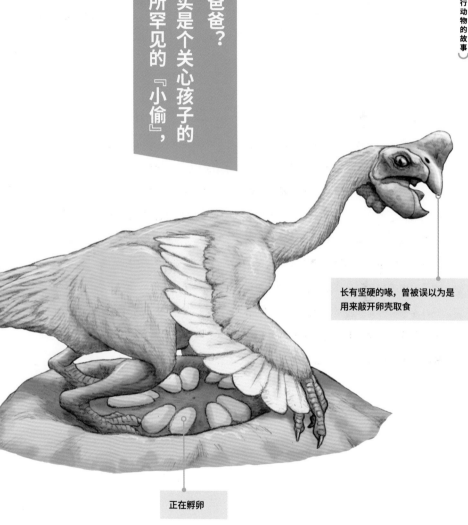

长有坚硬的喙，曾被误以为是
用来敲开卵壳取食

正在孵卵

全长：**3**米

Alcedo atthis

普通翠鸟

分类：佛法僧目 翠鸟科

栖息地：欧洲、从非洲北部到印度、东南亚地区

　　普通翠鸟广泛分布于欧亚大陆南部、非洲北部和东南亚等地区，体形较小，和麻雀差不多大，在日本拥有众多爱好者。普通翠鸟生活在河流和湖泊周围，翅膀和后背是闪亮的钻蓝色，腹部是鲜艳的橙红色，色彩艳丽动人，素有"清流翡翠"的美誉。它们以小鱼、水生昆虫和淡水甲壳类动物为食，通常会站在树枝等高处向水下看，一找到猎物就径直冲到水面下捕食。普通翠鸟的喙细长且尖锐，从空中冲入水面时不受阻力，因此为了抑制噪声的产生，日本最新的新干线 500 系列列车的车头也采用了这种形状的设计。为了躲避老鼠、鼬等天敌，普通翠鸟把巢修筑在土岩或砂岩壁上，巢洞呈水平隧道形，长数十厘米，内部设有产卵室，每次产 6～7 枚卵。过去，人们常常能在都市见到普通翠鸟的身影，但随着经济高度发展，生活污水和工业污水污染了多条河流，再加上岸边人为修筑的护岸工程用水泥加固了岩壁，它们的繁殖地便越来越少了。不过，在郊外自然环境较好的地方，我们还能见到普通翠鸟优美的身姿。

生存年代：

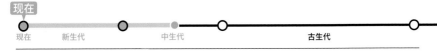

现在　　新生代　　中生代　　　　　　古生代

背部为钴蓝色

适于扎入水中的尖锐的喙

腹部为橙色

的水边 『红人』
被誉为 『翡翠』
羽毛颜色漂亮，

翼展：**25厘米**

恐龙时代的"啮齿动物"

从物种数和个体数来看，啮齿类是现生哺乳动物中最繁盛的类群。以鼠类为代表的啮齿动物的繁殖力极强，除南极洲外，在全世界均有分布。它们能够潜入货船，入侵世界上几乎所有的岛屿，对大多数生态系统都造成了巨大的影响。

啮齿动物诞生于新生代的始新世，随着它们的诞生，另一类哺乳动物却急速衰退，最终走向了灭绝，那就是"多瘤齿兽类"。多瘤齿兽类有"恐龙时代的啮齿动物"之称，和真兽类（有胎盘类）、后兽类（有袋类）有很大区别，曾是地球上非常繁荣的一类哺乳动物。

根据化石的记录，真兽类诞生在约 1 亿 6000 万年前的侏罗纪后期，后兽类诞生在大概 1 亿 1000 万年前的白垩纪中期，当时，恐龙主宰了世界，但在这些"庞然大物"的脚下，像老鼠一样偷偷过活的多瘤齿兽类动物"自成一派"，发展成了一大势力。在真兽类下的啮齿动物成长起来，夺去它们的生态地位之前，多瘤齿兽类已经以欧洲和北美为中心，广泛分布于全世界了。它们取得成功的秘诀，就是结构复

多瘤齿兽类的颅骨

复杂的牙齿排列方式

连那种东西都能吃得下去？

咯吱咯吱

杂的牙齿，当时的真兽类和后兽类动物的牙齿都没有它们的复杂。多瘤齿兽类动物的下颌长有向前伸出的切齿，臼齿根部还长有数列像小丘一样微小的突起，这也是它们被称为"多瘤齿兽"的原因所在。同时，多瘤齿兽类的多个物种还有扇形的大臼齿，边缘锐利，能够咬开坚硬的种皮和坚果。有了这种结构复杂、功能强劲的牙齿，它们就不必挑食，能吃下所有食物，这很可能就是多瘤齿兽类动物在一段时间之内能够取得竞争优势，比其他哺乳动物更加成功的原因。

企鹅的今昔

企鹅虽属鸟类，但不会飞，善于游泳。凯鲁库企鹅是生活在 2500 万年前的企鹅科动物，身体特征很适合捕鱼。1977 年，人们在新西兰的南岛首次发现了它们的化石，随后又多次发现了它们的骨骼化石。通过化石复原，可以看出它们的胸部很窄，翅

雏鸟与成鸟的外表相差巨大

可以潜至水下 300 米

王企鹅
Aptenodytes patagonicus

分类：企鹅目 企鹅科
栖息地：大西洋南部、印度洋南部岛屿

身高：**90 厘米**

现在

古近纪 渐新世

第四纪

新近纪

膀长而纤细，喙细长，和现生企鹅相比，身材十分高挑、苗条。

现生企鹅以鱼和乌贼为食，为了捕食会潜水，但下潜深度只有 100～300 米（最高纪录 322 米）。现生企鹅的雏鸟会由两三只成年企鹅带着，精心哺育一年以上，组成一个"幼儿园"。雏鸟的胃占身体的一半，如果不时常进食，就无法长到成年企鹅的大小。企鹅的体表下积蓄着大量脂肪，这些脂肪能够帮助它们挨过食物短缺的寒冬。

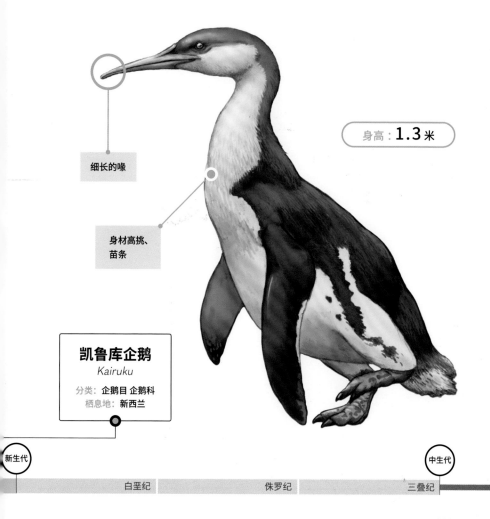

身高：**1.3米**

细长的喙

身材高挑、苗条

凯鲁库企鹅
Kairuku

分类：企鹅目 企鹅科
栖息地：新西兰

新生代

中生代

白垩纪　　　　　　侏罗纪　　　　　　三叠纪

今昔鸽的

在广场、公园，我们经常可以看到鸽子，这些鸽子的学名叫原鸽。原鸽原本生活在欧亚大陆和北美洲的干燥地带，多年来都被人类作为食物和宠物养殖。由于拥有出色的归巢性，它们还曾被人们用作通信工具，成了远近闻名的信鸽。自古以来，原鸽和人类的关系就非常密切，也常常被放归野外，如今在城市中也能大量繁殖，

拥有出色的归巢性

全长：**30** 厘米

原鸽
Columba livia

分类：**鸽形目 鸠鸽科**
栖息地：**亚洲、欧洲、北美洲**

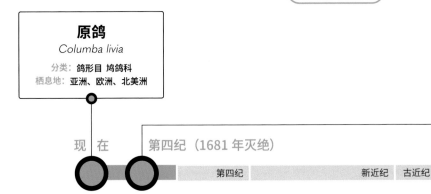

现　在　　第四纪（1681 年灭绝）

第四纪　　　　　新近纪　古近纪

与人类共同生活。

然而，过去曾有一种原鸽的祖先，因为人类活动而灭绝了，这就是渡渡鸟。渡渡鸟是在 1507 年大航海时代刚刚开始时，由航行到毛里求斯群岛上的葡萄牙人发现的。有人说，"渡渡"一名模仿了它们的叫声。长期以来，渡渡鸟安然地生活在小岛上，没有天敌，翅膀也退化了，只能歪歪扭扭地往前踱步。然而，由于人类的过度捕食，以及人类带来的狗、鼠等动物吃光了它们的卵，渡渡鸟在被发现仅 180 年后就灭绝了。

翅膀已退化，不会飞

全长：1 米

渡渡鸟
Raphus cuculatus

分类: 鸽形目 鸠鸽科
栖息地: 毛里求斯群岛

新生代

中生代

白垩纪　　　　　侏罗纪　　　　　三叠纪

中国始喙龟
Eorhynchochelys sinensis

家族选手 ① » 第148页

原颚龟
*Proganochelys
quenstedtii*

半甲齿龟
*Odontochelys
semitestacea*

家族选手 ② » 第150页

古巨龟
Archelon ischyros

家族选手 ③ » 第152页

龟类是在三叠纪突然出现的，它的起源在很长一段时间里都是个谜。之前人们一直认为原颚龟是最古老的龟类动物。它们生活在 2 亿 1000 万年前，虽然具有一些原始的特征，但外貌与现生龟几乎无异。然而 2008 年，人们在比原颚龟早 1000 万年的中国地层中发现了半甲齿龟的腹甲化石，更于 2018 年，在中国更古老的地层中发现了连龟甲都没有的中国

龟家族的历史

新生代　　　　　　中生代　　　　　古生代

现在　　　　　　　三叠纪

始喙龟化石，大大地改写了龟类动物的"家谱"。

能将头部和四肢藏进龟甲的现生龟类诞生在约 1 亿 8000 万年前的侏罗纪中期，大体上可以分为曲颈龟亚目和侧颈龟亚目，曲颈龟亚目中有泽龟类、陆龟类、海龟类等，这类龟可以把头部折回龟壳内。1 亿 1000 万年前，海龟类中出现了古巨龟，这种海龟的四肢展开宽度可达 5 米，是史上最大的海龟。后来诞生的海龟，甲壳也逐渐缩小了。现生龟类棱皮龟是原盖龟科的近亲，古巨龟就属于这个科。棱皮龟的革质皮肤富有弹性，没有硬质的甲壳。

侧颈龟亚目的龟类，今天只生活在澳大利亚、南美洲、非洲等南半球大陆上，是相对比较独特的一类。它们只能把头部在水平面上弯向一侧，隐藏在背甲下方，其中，巨蛇颈龟的脖子尤其长。生活在 600 万—500 万年前的南美洲龟类——地纹骇龟也属于这个类别。地纹骇龟的体长比古巨龟更长，已知最大的个体甲长 2.4 米，头长超过 1 米。

棱皮龟
Dermochelys coriacea
家族选手 ④ » 第154页

地纹骇龟
Stupendemys geographicus

现在

巨蛇颈龟
Chelodina longicollis

加拉帕戈斯象龟
Geochelone nigra
家族选手 ⑤ » 第156页

大鳄龟
Macroclemys temmincki

147

Eorhynchochelys sinensis

中国始喙龟

分类：**龟鳖目**

栖息地：**中国**

在中国西南部贵州省，人们在距今约 2 亿 2800 万年前的地层中发现了中国始喙龟几乎完整的全身骨骼化石。中国始喙龟是龟类最早出现的品种，还没有进化出龟甲。龟的甲壳结构独特，由背骨和肋骨变成板状，再在骨板表面上覆以角质板（盾片）构成。中国始喙龟没有这样的龟甲，但它们的肋骨已经变成了扁平状，身体也变成了圆盘状。可见，中国始喙龟已经把龟甲的"原材料"准备好了。龟类没有牙齿，但它们有和鸟类一样发达的喙，中国始喙龟很原始，口中还留有牙齿，不过它们的喙同样发达。约 2 亿 5000 万年前，一类爬行动物开始独立进化，这就是龟的祖先，随后又进化成了半甲齿龟（详见第 150 页）等无甲壳的早期龟类，但这些早期龟类都没有喙。中国始喙龟是已知的第一种有喙的龟，所以连名字都是"最早的有喙的龟"之意。

生存年代：

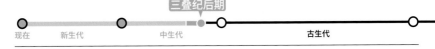

三叠纪后期

现在　　　新生代　　　　　中生代　　　　　　　古生代

龟类始祖
没有龟甲，喙却发达的
比起防御，优先捕食，

身体呈圆盘状，还没有龟甲

首次在早期龟类身上发现发达的喙

全长：**2.5** 米

Odontochelys semitestacea

半甲齿龟

分类：**龟鳖目 齿龟科**

栖息地：**中国**

　　半甲齿龟是生活在 2 亿 2000 万年前的早期龟类，有龟甲。龟类的甲壳由肋骨等骨骼变成板状，最后多块骨板合一而成，但半甲齿龟的背甲（后背的甲壳）骨板还没有合一，没有发育完全，腹甲却已经闭合，发育完全了。陆生动物，如犰狳（详见第 114 页），是没有必要保护腹部的，它们需要的是发达的背甲，这么看来，半甲齿龟的腹甲发达，应该是为了防御它们在水中游泳时，从下方攻击的天敌。发现化石的地层曾经也是海洋，这更为它们曾是水生动物的说法增添了说服力。然而，把它们和海龟、中华鳖等现生水生龟类比较，在特征上还有很多疑问。例如，水生龟类的四肢一般会进化成鳍，或者指骨变长，最后长出蹼。因为动物在水中进食时会喝下大量水，所以必须扩大喉咙，这时使用到的肌肉由舌骨支撑。水生龟类的舌骨一般很大，但半甲齿龟的舌骨不大，所以也有人认为它们可能是陆生的。

生存年代：

三叠纪后期

现在　　新生代　　　　中生代　　　　　　　　古生代

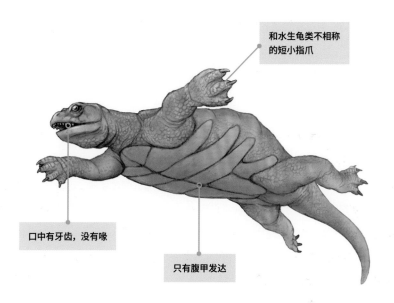

和水生龟类不相称的短小指爪

口中有牙齿，没有喙

只有腹甲发达

海中生活吗？腹部，这是因为它在比起背部，优先保护

全长：**40**厘米

Archelon ichyros

古巨龟

分类：龟鳖目 原盖龟科

栖息地：北美洲

　　古巨龟生活在 7500 万年前，是巨大的海龟，全长 4 米，甲长 2.2 米，把两只前鳍展开，臂展可达将近 5 米。从古至今，古巨龟都是最大的龟类动物，光头部就长 80 厘米，嘴上长有尖锐的喙，形似猛禽。它们的喙和下颌力量强大，连菊石的壳都能咬碎。虽然古巨龟属于海龟，但它们的化石却出土于美国的南达科他州和科罗拉多州的内陆地层中，这些地方离海洋都很远。然而，在古巨龟生存的年代，海水水位比现在高很多，海水倒灌进北美洲大陆形成内海，几乎将北美洲分成了东、西两部分。这片内海中生活着沧龙、蛇颈龙等巨型海生爬行动物，以及鲨鱼等长约 6 米的巨型鱼类，它们的化石也有不少都是在这里出土的，古巨龟就是其中之一。而且，人们从未在其他地区找到过古巨龟的化石，可以认定它们是北美洲的特有种。现生海龟广泛分布于各地海洋，但古巨龟的游泳能力不强，所以没有从远洋洄游的习性。

生存年代：

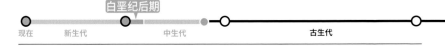

白垩纪后期

现在　　新生代　　　　中生代　　　　　　　　　　古生代

最大、最强的海龟
能咬碎菊石的有史以来

游泳水平不高

拥有尖锐、有力的喙，
连菊石都能咬碎

前鳍宽阔，臂展
可达 5 米

全长：**4** 米

Dermochelys coriacea

棱皮龟

分类：龟鳖目 棱皮龟科

栖息地：**太平洋、大西洋、印度洋、地中海**

　　棱皮龟是现生龟类中体形最大的一种，体重将近 1 吨。然而，它们不只身体巨大，游泳速度还极快。棱皮龟的龟甲是纺锤形的，身上长有筋状的突起，称为纵棱，背部有 7 行，腹部有 5 行，可以减小水的阻力。它们的栖息地横跨热带和温带的大面积海域，因此也是海龟类中迁徙距离最远的一种，长达数千千米。棱皮龟的潜水能力还很强，可以潜到水下 1000 米处。它们的骨质龟甲已经退化，身体如橡胶般有弹性，可以抵御深海的水压。棱皮龟主要以营养价值低的水母为食，为了达到身体所需的营养量，它们每天要吃 100 千克食物。如此大量的食物需求可能跟它们在海中移动的范围太广有关。人们在全世界许多地方都曾发现过棱皮龟科动物的化石，它们有 1 亿年以上的历史，本是长寿且种类丰富的动物类别，今天全世界却只剩下一种，且仅剩的这一种棱皮龟，还由于人类对龟类、鱼类的过度捕杀，以及误食塑料垃圾等，数量大幅减少，正面临灭绝的危机。

生存年代：

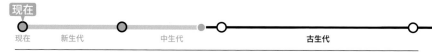

现在

现在　　　新生代　　　　　中生代　　　　　　　　　古生代

背部有 7 行纵棱，腹部有 5 行纵棱

一天的食量为 100 千克水母

没有骨质的龟甲，全身覆盖着橡胶一样的革质皮肤，可以在深海潜泳

游得快，潜得深

甲长：**1.8**米

155

Geochelone nigra

加拉帕戈斯象龟

分类：**龟鳖目 陆龟科**

栖息地：**加拉帕戈斯群岛**

　　加拉帕戈斯象是一种南美象龟类动物，生活在南美洲大陆，栖息地位于南美洲大陆西部 900 千米的加拉帕戈斯群岛。也许，很早以前，南美象龟的卵"搭乘"着浮木，借着洋流漂到了加拉帕戈斯群岛上，然后在岛上独立进化，成了如今的加拉帕戈斯象龟。它们是陆龟类中体形最大的一种，栖息于特殊的岛屿环境中，天敌和食物的竞争者都很少。而且，由于加拉帕戈斯群岛由许多小岛组成，各小岛的植被情况迥异，生活在不同小岛上的象龟以相应的草、树叶、仙人掌等植物为食，龟甲的形状也各不相同。草多的岛上，象龟的龟甲就像一口钟。茎干较高的仙人掌或低矮的树木较多的岛上，象龟为了方便抬头取食，龟甲的前缘一般都比其他象龟高。生物学家查尔斯·达尔文曾到访加拉帕戈斯群岛，看到岛上的生物为了适应环境而进化出了多样的形态，于是便以此为启发，提出了"进化论"。

生存年代：

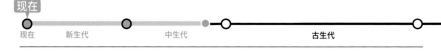

现在　　　新生代　　　　中生代　　　　　　　　古生代

活着的传说

启发了达尔文

『进化论』的

背甲上没有纵棱

取食草或仙人掌，与
岛上的植被情况相符

柱子一般的四肢，支撑着沉重的龟甲

甲长：**1.3**米

家族选手 ① » 第160页

敏捷黄昏鳄
Hesperosuchus agilis

地蜥鳄
Metriorhynchus

家族选手 ② » 第162页

撒哈拉野猪鳄
Kaprosuchus saharicus

无棘腔鳄
Stomatosuchus inermis

家族选手 ③ » 第164页

家族选手 ④ » 第166页

鳄鱼属于变温动物，如今只栖息在热带水域等一些地区。它们无法适应寒冷气候。但中生代比今天的气候温暖，所以鳄鱼当时广泛分布于世界各地，外形也更加多样。

鳄鱼最早的祖先出现于三叠纪中期。2亿8000万年前，喙头鳄科的黄昏鳄诞生了。黄昏鳄只有头部长得像今天的鳄鱼，后肢非常修长，

鳄鱼
家族的
历史

新生代　　　　　中生代　　　　　　　　古生代

现在　　　　　　　　　　　　三叠纪

可以在陆地上用两腿非常轻快地奔跑。除了适应陆地生活的鳄鱼，侏罗纪还出现了适应水栖的地蜥鳄。地蜥鳄的尾部有鳍，四肢顶端也形似划船用的桨。

说起今天的鳄鱼，我们常常会认为它们是残暴的食肉动物，常在水边伏击猎物，将前来喝水的动物拖入水中。在白垩纪，有的鳄鱼却是"吃素"的。狮鼻鳄长着一张狮子的脸，完全没有现生鳄鱼口中圆锥形的尖牙，反而有一口食草恐龙一样的奇怪牙齿。貌似犰狳的犰狳鳄口腔的形状也发生了演化，变得更适合磨碎植物。无棘腔鳄栖息在广阔的湖泊当中，牙齿已全部退化，只能把小鱼和浮游动物和水一起吞进嘴里，再把食物过滤、咽下。综上所述，过去的鳄类分布范围很广，食性也各不相同。

今天，陆生鳄和海生鳄都灭绝了，只剩淡水栖的鳄鱼家族，自中生代侏罗纪诞生以来，它们一直稳居水边生态系的食物链顶点，是十分强劲的动物。

阿氏犰狳鳄
Armadillosuchus arrudai

现在

狮鼻鳄
Simosuchus clarki

美国短吻鳄
Alligator mississippiensis

湾鳄
Crocodylus porosus

家族选手 ⑤ » 第168页

Hesperosuchus agilis

敏捷黄昏鳄

分类：**鳄形类**

栖息地：**美洲**

　　黄昏鳄生活在大约 2 亿 2000 万年前，是现生鳄鱼的亲戚，可以说是最早诞生的一类鳄鱼。虽说它们是现生鳄鱼的祖先，长相却有很大的差别。黄昏鳄身材苗条，两腿尤其长，可以两足行走。它们的全身只有 1 米长，体形娇小，体重很轻，骨骼都是中空的，是爬行动物中非常善于奔跑的一类。现生鳄鱼生活在水边，而黄昏鳄则完全陆栖。它们诞生的年代和恐龙差不多，早期恐龙和它们一样，大多数行动敏捷。当时，有一类恐龙名叫腔骨龙，腔骨龙比黄昏鳄大，体重也很轻。人们曾认为这类恐龙喜欢"自相残杀"，吃自己的孩子，但后来发现化石并仔细研究之后，才发现它们的食物并非自己的孩子，而是黄昏鳄等早期鳄鱼。看来，黄昏鳄似乎成了恐龙的猎物。

生存年代：

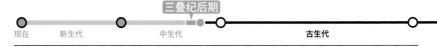

三叠纪后期

现在　　新生代　　中生代　　　　　　古生代

走的鳄鱼祖先用两腿在陆地上疾生活在恐龙时代，

身体娇小，是恐龙捕猎的对象

后肢纤长，可在陆地上疾走

全长：1米

Metriorhynchus

地蜥鳄

分类：**鳄目 地蜥鳄科**

栖息地：**欧洲**

　　地蜥鳄生活在大约 1 亿 6000 万年前，是海栖的鳄鱼祖先，数量非常稀少。地蜥鳄的四肢已经进化成鳍，尾巴变为巨大的尾鳍，呈新月形，身体呈流线型，背部没有现生鳄类用来保护自己的鳞甲。没有鳞甲虽然会降低它们的防御力，却使身体更加柔软，提升了游泳水平。同时，地蜥鳄的吻部细长，也降低了水下的阻力，使捕猎更加容易。它们以菊石和大型鱼类为食，几乎终生都在水下活动。今天，我们都知道鳄鱼并非在水下产仔的胎生动物，它们和海龟一样上陆产卵，鳄类最早的祖先黄昏鳄（详见第 160 页）是利用双腿直立行走的陆生爬行动物，它们可以在陆地上轻快地奔跑。后来，海生地蜥鳄生活的时期，半水栖的棱角鳞鳄也出现了，它们的生活方式和现生鳄鱼类似。可见，那段时间，鳄鱼家族进化得非常多样，海洋、河流等许多栖息环境中都有它们的身影。

生存年代：

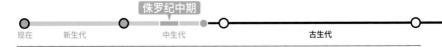

侏罗纪中期

现在　　新生代　　　　　　中生代　　　　　　　　古生代

珍贵的物种

游泳，是鳄类中最

身体柔软，在海中

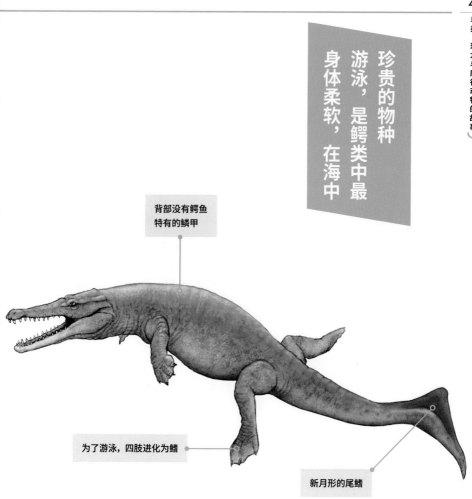

背部没有鳄鱼
特有的鳞甲

为了游泳，四肢进化为鳍

新月形的尾鳍

全长：**3米**

Kaprosuchus saharicus

撒哈拉野猪鳄

分类：**鳄目 马任加鳄科**

栖息地：**非洲**

　　野猪鳄生活在大约 9500 万年前的白垩纪中期，人们仅在非洲尼日尔的地层中发现过它们的颅骨化石。野猪鳄的头部长 50 厘米，上颌有 3 对，下颌有 2 对突出的犬齿状獠牙，面相很像野猪，因此得名。这几对大獠牙能够刺穿大型动物的厚皮，所以它们也是强劲的捕食者，连恐龙都可能是它们的猎物。和其他鳄类相比，野猪鳄还有一点不同的地方 —— 眼窝的结构。它们的眼窝是向前的，这是一种食肉动物的特征，双眼向前能够形成立体视觉，有利于把握与猎物之间的距离。在发现野猪鳄化石的地层中，人们还找到了吻部扁平的薄煎饼鳄、吻如鸭喙的鸭鳄等多种个性的鳄鱼家族化石。侏罗纪已经有了完全适应水栖的地蜥鳄（详见第 162 页），进入白垩纪之后，鳄类的多样性更是提高，食草的狮鼻鳄、带有犰狳般甲壳的犰狳鳄等物种都出现了。

生存年代：

白垩纪后期

现在　　　新生代　　　　　　中生代　　　　　　　　　古生代

大的猎物
手的眼神，捕食巨
有野猪的獠牙和猎

双眼向前，
目光可怖

上颌 3 对，下
颌 2 对巨大的
獠牙

全长：**6米**

Stomatosuchus inermis

无棘腔鳄

分类：鳄目 腔鳄科

栖息地：非洲（埃及）

　　进入白垩纪后，鳄鱼的祖先为了适应环境，进化出了多种形态，其中之一就是为水栖高度特化的无棘腔鳄。如果一条鳄鱼的咬合力强，那它一般会用一整排牙齿做武器，但无棘腔鳄的牙齿已经退化殆尽，只有上颌还残存着几颗细圆锥形的牙齿，下颌一颗牙齿都没有了。它们和现生鳄鱼也有许多不同之处。有人认为无棘腔鳄是所有鳄鱼中唯一一种以浮游生物为食的鳄鱼，它们的下颌没有牙齿，但有可以过滤浮游生物的须，取食方式类似须鲸，将盐湖中生活的糠虾（一种小型甲壳动物）、小鱼等吸入鹈鹕一般的大喉囊。然而，没有一块无棘腔鳄的化石留到了今天。化石最初发现于埃及，只有一块像滑雪板一样又长又扁的颅骨化石，这块颅骨化石原本藏于德国的柏林博物馆，但遗憾的是，1944年第二次世界大战期间，爆炸毁坏了化石，无棘腔鳄也就成了谜团缠身的鳄鱼祖先。

生存年代：

白垩纪后期

现在　　新生代　　　　中生代　　　　　　　　古生代

湖边，没有牙齿
物为食的鳄鱼，生活在
史上唯一一种以浮游生

只有上颌零星几颗牙齿

鹈鹕一样的喉囊，能将水和浮游
生物一起吸进嘴里

全长：**10米**

Crocodylus porosus

湾鳄

分类：**鳄目 鳄科**

栖息地：**东南亚、澳大利亚北部**

　　湾鳄的"湾"是海湾的意思，顾名思义，湾鳄主要生活在亚热带红树林茂密的河口、三角洲等海水和淡水混合的汽水域。它们对海水的耐性很强，可以乘着洋流远渡东南亚和印尼群岛，从印度东南部到澳大利亚北部地区的海洋中也有广泛分布。在日本的西表岛、八丈岛、奄美大岛也曾有过生存记录。成年湾鳄的体长 6 米，体重可达 1 吨，是现生鳄鱼，乃至全部现生爬行动物中最大的个体。不只大，它们的咬合力也是所有动物中最强的，性格也是所有鳄鱼中最凶猛的，甚至有过袭击人的事件，因此也被称作"食人鳄"。而且，湾鳄还是所有爬行动物中少有的疼爱孩子的种类。9—10 月的雨季，繁殖期的湾鄂会利用枯枝、枯叶和泥土筑成一个土堆巢，在里面产40 ～ 60 枚卵。雌性产卵后，直到卵孵化前会一步不离地守护着卵，孵化后还会把幼崽挖出，衔在嘴里，一直把它们运到水边，教它们游泳。

生存年代：

现在

现在　　新生代　　　中生代　　　　　　古生代

对海水的耐性强，借着
海洋分布广泛

雌性非常照顾卵
和幼崽

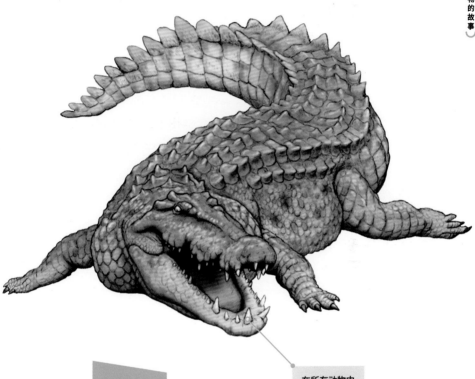

在所有动物中
咬合力最强

竟然非常疼爱孩子
凶猛的『食人鳄』

全长：**6米**

今昔

巨蜥的

沧龙是和恐龙同时代的大型爬行动物，是当时最强的捕食者之一。它们是科莫多巨蜥的祖先，但身体细长如蛇，四肢鳍状，盆骨也和鲸一样缩小了，终生生活在海中。人们曾在沧龙的牙齿化石中发现过几个菊

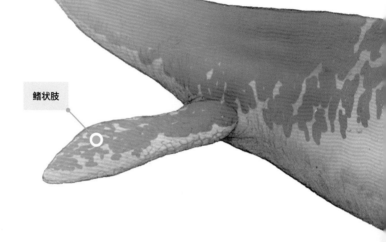

鳍状肢

体形最大的现生蜥蜴

科莫多巨蜥

Varanus komodoensis

分类：有鳞目 蜥蜴亚目 巨蜥科
栖息地：印度尼西亚科莫多岛、
弗洛勒斯岛

全长：2～3米

现 在

| | 第四纪 | 新近纪 | 古近纪 |

石的化石，所以它们应该是以菊石为食。成年的沧龙可以长到 18 米长，在海中也会袭击海龟等水生爬行动物。

　　和沧龙相比，科莫多巨蜥可以算是"身材娇小"了，但它们依然是现生蜥蜴中体形最大的一类。科莫多巨蜥以野猪、鹿等大型哺乳动物为食，甚至还会攻击比自己小的同类。它们口中有大量腐败菌，只要咬上猎物，猎物就会患上败血症而身体变弱。而且它们牙齿内还有毒腺，能将毒素注入猎物体内。另外，还有研究指出，科莫多巨蜥存在孤雌生殖的现象。

全长：**12～18 米**

以菊石为食

沧龙
Mosasaurus

分类：**有鳞目 蜥蜴亚目 沧龙科**
栖息地：**海洋**

新生代

白垩纪后期

中生代

白垩纪　　　　侏罗纪　　　　三叠纪

白山加贺仙女蜥
Kaganaias hakusanensis

厚针蛇
Pachyrhachis

泰坦巨蟒
Titanoboa

蜥蜴、鳄鱼、龟类这些爬行动物都出现在中生代的三叠纪，而由蜥蜴进化来的蛇类，最古老的祖先却发现于中生代的白垩纪地层，是最后才诞生的爬行动物。

蛇最古老的祖先，是蜥蜴身体延长之后进化而来的伸龙类动物。一直以来，人们都认为伸龙类动物起源于 9900 万年前的欧洲浅滩，可最近几年，

蛇
家族的
历史

新生代　　　　中生代　　　　　　　**古生代**

现在　　　　　　　　　白垩纪

人们在日本 1 亿 3000 万年前的地层中发现了伸龙类动物化石 —— 白山加贺仙女蜥，并断定它们并非海生，而是生活在河流当中，大大地改写了蛇类的起源。不过没变的是，蛇类祖先都是水栖动物，为了减小游泳时水的阻力，四肢全部退化，逐渐变成了今天蛇的样子。

身体延长、四肢退化、样子和现生蛇类一模一样的最古老祖先，是 9500 万年前生活在浅海的厚针蛇。厚针蛇的前肢完全退化，后肢还有一点点残存。除了厚针蛇，已灭绝的蛇类祖先中还有身长 13 米的"庞然大物"，那就是 6000 万年前生活在南美洲的泰坦巨蟒，身体直径都有 1 米宽。蛇类属于变温动物，成长过程受环境气温的影响很大，过去的气温比今天高，所以当时的蛇类能长得更大。

现生蛇类全部身体细长，栖息地包括草原、森林、沙漠、海洋、河流、陆地等各种各样的地域。有毒的爬行动物有 99% 以上都属于蛇类，毒液都可以算是它们的"标配"了，这其实是很罕见的现象。而且所有的蛇都是肉食性的，喜欢把猎物整吞下肚，这也是非常独特的进化方面。

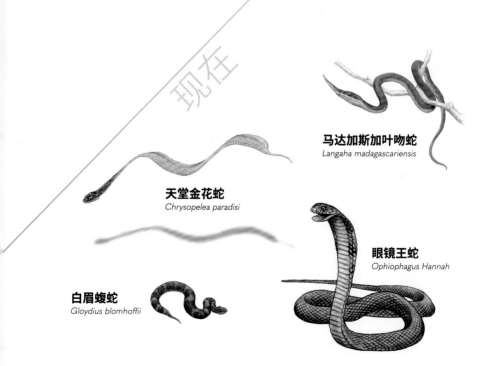

现在

马达加斯加叶吻蛇
Langaha madagascariensis

天堂金花蛇
Chrysopelea paradisi

眼镜王蛇
Ophiophagus Hannah

白眉蝮蛇
Gloydius blomhoffii

霸王龙的全身骨骼化石

在选手④（第 134 页）中介绍的霸王龙。该化石和实物等大，很有视觉冲击力。

顾氏小盗龙

残存有羽毛的骨骼化石，尾部可
清晰地看出羽毛存在的痕迹。

孔子鸟

孔子鸟和始祖鸟（选手①，第 128 页）
是具有恐龙特征的原始鸟类。

霸王龙的全身骨骼化石（正面）

人站在身边都能感受到的强大咬合力。

是水生还是陆生

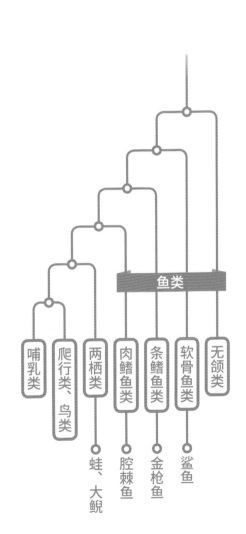

哺乳类

爬行类、鸟类

两栖类

肉鳍鱼类

条鳍鱼类

软骨鱼类

无颌类

鱼类

蛙、大鲵

腔棘鱼

金枪鱼

鲨鱼

　　今天的脊椎动物可以分为鱼类、两栖类、爬行类、鸟类和哺乳类 5 个类别，其中，鱼类约有 31000 种，两栖类有 7000 种，爬行类有 8700 种，鸟类有 10000 种，哺乳类有 5500 种。合起来算，脊椎动物共约有 62000 种，这 5 类中鱼类的种数最多，几乎占到了一半。生命是在海洋中诞生的，其中的一部分登上了陆地，并在陆地上为了适应和扩散发展出了多样性。一般来说，我们认为由水登陆是生命进化的普遍趋势，但若只从如今的物种数上看，水生的脊椎动物和陆生的脊椎动物其实刚好各占半数。然而，这只是今天的情形。在过去，鱼类的占比更大，尤其是在约 3 亿 7000 万年前古生代的泥盆纪中期，各类动物登陆之前，水生动物的占比达到了 100%。当时，长有四肢的脊椎动物被称为四足动物。在前四章中，我们已经探讨了爬行类和哺乳类，可在四足动物中，还有相当一部分属于鱼类或鱼类家族的动物。为了适应陆地这种条件多样的生存环境，各种各样的四足动物经年累月，进化成了不同的样子。如今，脊椎动物大家族中的 5 个类别都已经发展成了平行且独立的类别。在这一章中，我们将围绕着鱼类和最古老的四足动物 —— 两栖类展开讨论，它们所处的位置，正是水、陆两个世界的交叉地带。

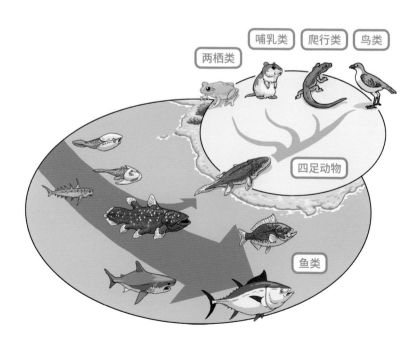

鱼石螈
Ichthyostega

帆螈
Platyhystrix

盾甲螈
Peltobatrachus pustulatus

两栖动物由一部分鱼类将鳍变成足后进化而来，是脊椎动物中最早登陆的一类。最早的两栖动物是 3 亿 6700 万年前，泥盆纪末期诞生的鱼石螈，它们有结实的肋骨。陆地上没有水的浮力，动物将会受到很大的重力，结实的肋骨能够保护它们的内脏。不过，鱼石螈的后肢有七趾，尾部也有鳍，体形还没有变成适宜陆生的状

两栖动物的历史

普氏锯齿螈
Prionosuchus plummeri

新生代　　中生代　　　　古生代

现在　　　　　　　　　　　　　　泥盆纪

态，还需高度依赖海洋，只能偶尔爬到陆地上来。

　　3亿5000万年前的石炭纪前期，更加适应陆地环境的两栖动物出现，登上新环境的动物一下子繁荣了起来，出现了各种各样的物种，包括背上背着一面帆的帆螈和身体被甲壳覆盖的盾甲螈。当时还没有鳄鱼，却出现了形似鳄鱼的两栖动物。人们推测普氏锯齿螈全长9米。当时的两栖动物都属于迷齿亚纲，其特征是牙齿表面的釉质层结构折叠，在横切面上如迷宫一般，但这类两栖动物在白垩纪就灭绝了。相比之下，蛙、大鲵、蝾螈等现生两栖动物都属于滑体亚纲，比如生活在三叠纪时期的蛙类的祖先——三叠尾蛙。

　　今天，两栖类动物共有约7000种，有具有毒性的，也有会滑翔的，进化出了丰富的多样性。近年来，人们又相继发现了许多两栖类新种，但在物种数不断增加的同时，许多物种的个体数在不断减少，面临灭绝的危机。

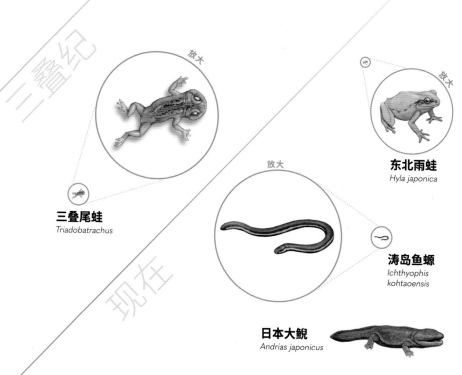

放大

三叠尾蛙
Triadobatrachus

放大

东北雨蛙
Hyla japonica

放大

涛岛鱼螈
Ichthyophis kohtaoensis

日本大鲵
Andrias japonicus

蛙今的昔

三叠尾蛙是生活在约 2 亿 5000 万年前的两栖动物，它们既有原始两栖动物的特点，也和现生蛙类极为相似，既是两栖动物祖先进化途中的物种，也可以被认为是现生蛙类的祖先。三叠尾蛙的身体细长，身上还留有现生蛙类已退化的肋骨，后肢也不像现生蛙类那么发达，不善于跳跃，

除繁殖期和宣示领地时，临近下雨时也会鸣叫

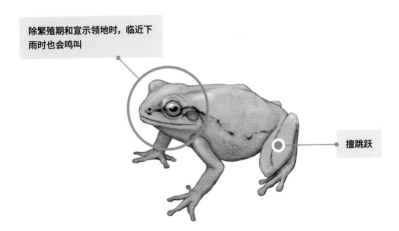

擅跳跃

全长：**2～4.5** 厘米

东北雨蛙
Hyla japonica

分类：**无尾目 雨蛙科**
栖息地：**日本、中国北部、俄罗斯东部**

现在

第四纪 　　　　　　　新近纪 古近纪

适合游泳。虽说它们是蛙类最早的祖先，只会用后肢踢水游泳，却可以说是发明了"蛙泳"泳姿的物种。

现生蛙类使用发达的后肢跳跃，而且鸣叫声很有特点。在繁殖期，雄蛙会通过鸣叫吸引雌蛙，也会为宣示领地而鸣叫，除此之外，雨蛙类还会在快下雨时爬上树枝等高处鸣叫，这是因为它们对气压的变化极其敏感。

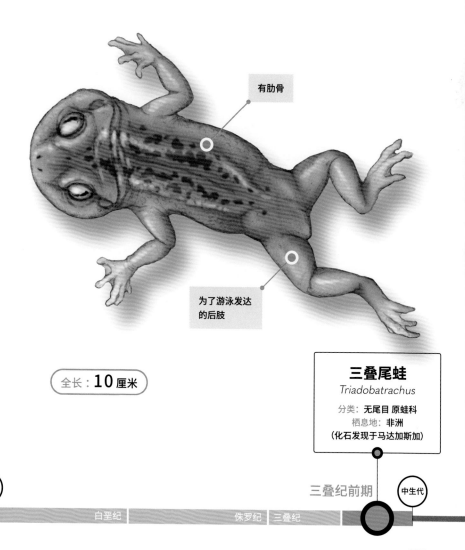

有肋骨

为了游泳发达
的后肢

全长：**10厘米**

三叠尾蛙
Triadobatrachus

分类：**无尾目 原蛙科**
栖息地：**非洲**
（化石发现于马达加斯加）

新生代

三叠纪前期

中生代

白垩纪　　　　侏罗纪　三叠纪

骨鳞鱼
Osteolepis

拥有成形的足，生活在陆地上的动物叫作四足动物，包括哺乳类（也有鲸类等例外）、鸟类、爬行类、两栖类等类别，这些类别都是由鱼类进化而来。其中，肉鳍鱼类就是物种之间进化的桥梁，腔棘鱼和进行肺呼吸的肺鱼都属于这一类。肉鳍鱼类诞生于大约 4 亿年前，鳍内有骨骼和肌肉，它们肌肉肥厚的鳍，日后成了四足动物的四肢。

最原始的肉鳍鱼类是骨鳞鱼，它们用鳍来扒开水中茂密的植物。随后，3 亿 8000 万年前

潘氏鱼
Panderichthys

艾氏孔颌鱼
Laccognathus embryi

罗丝提塔利克鱼
Tiktaalik roseae

肉鳍鱼类的历史

鱼石螈
Ichthyostega

新生代　中生代　古生代

现在　泥盆纪

出现了潘氏鱼，它们的头部扁平而宽，双目向上，面部特征接近两栖动物。3 亿 7500 万年前，更像四足动物的提塔利克鱼出现了。提塔利克鱼有颈部，鳍中已经进化出了 肘关节和腕关节。肉鳍鱼类的栖息地是浅海和淡水水域，海水有潮起潮落，淡水水域 偶尔也会干涸，这些都是提塔利克鱼登上陆地的契机。

现生的腔棘鱼类——矛尾鱼，身体特征几乎没有太大的变化，是珍稀的"活化 石"。人们一度以为矛尾鱼已经灭绝了，但 1938 年又发现了活体，1997 年又发现了 一种亲缘种，目前认为只有这两种还存活着。肉鳍鱼类在古生代末期之前繁荣于世， 遍布河流和湖泊中，可如今只剩下 2 种腔棘鱼和 6 种淡水水域的肺鱼。不过，它们 的"子孙"却进化成了四足动物，进化出了多种多样的姿态，与全世界无数动物血脉 相连，直到今天。

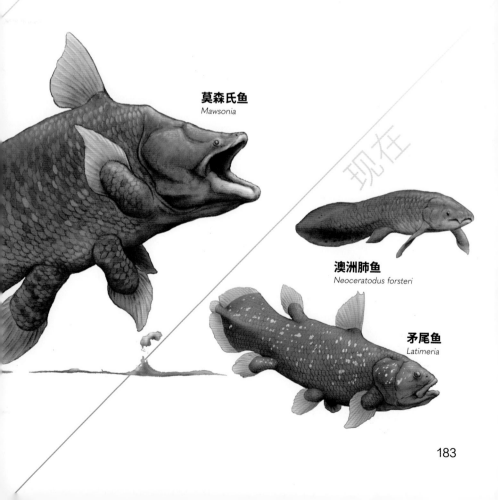

莫森氏鱼
Mawsonia

澳洲肺鱼
Neoceratodus forsteri

矛尾鱼
Latimeria

现在

今昔

腔棘鱼的

人们在非洲和南美洲发现了5种莫森氏鱼的化石，出土于摩洛哥的白垩纪前期地层的拉氏莫森氏鱼是腔棘鱼类中最大的，全长3.8米。现生的腔棘鱼类一般体长超过2米，是最大的深海鱼类，但在早期，腔棘鱼类却是在浅海和淡水水域栖息的小型鱼类，体长和金鱼、鲫鱼差不多。进入

自古到今，身姿几乎没有变化

全长：1.5～2米

通过鳍的前后摆动，可以侧向行进或后退

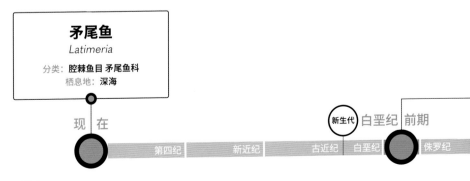

矛尾鱼
Latimeria

分类：腔棘鱼目 矛尾鱼科
栖息地：深海

现在

新生代 白垩纪 前期

第四纪　新近纪　古近纪　白垩纪　侏罗纪

184

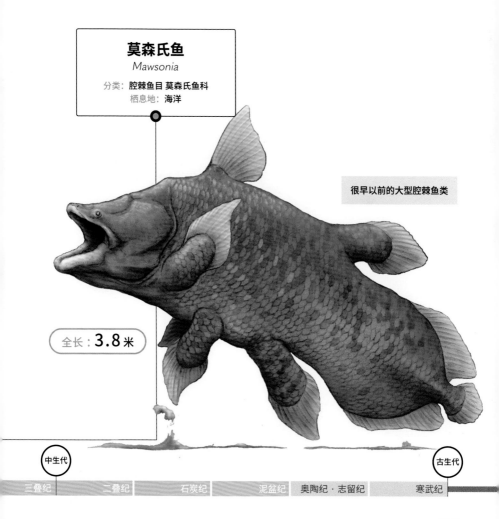

大海之后，腔棘鱼类才开始变大，诞生了莫森氏鱼等大型鱼类。

今天，腔棘鱼类只剩下矛尾鱼科一个科还没有灭绝，它们生活在 150 ～ 700 米深的深海。人们之前只发现过腔棘鱼类的化石，以为它们已经在白垩纪末期灭绝了，没想到 1938 年，人们在南美洲海域又捕获了活体，震惊了世界。腔棘鱼类利用肥厚的鳍相互配合，能够侧向行进或后退。人们还曾观察到它们在深海中倒退着寻找猎物的身影。

莫森氏鱼
Mawsonia

分类: 腔棘鱼目 莫森氏鱼科
栖息地: 海洋

很早以前的大型腔棘鱼类

全长：**3.8 米**

中生代

三叠纪　二叠纪　石炭纪　泥盆纪　奥陶纪·志留纪　寒武纪

古生代

根据已发掘出的化石记录，鲨鱼的祖先诞生于大约4亿年前的泥盆纪前期，是脊椎动物中历史最悠久的一类。鲨鱼类中最早出现的是裂口鲨，它们的身体呈流线型，鱼鳍发达，已经拥有了鲨鱼的基本特征，但它们的牙齿磨损也很厉害，尖端常常缺失。现生鲨鱼的牙齿磨损后可以长出新牙来替换，但裂口鲨还不具备这种机能。

裂口鲨
Cladoselache

家族选手 ① » 第188页

砧形背鲨
Akmonistion

家族选手 ② » 第190页

旋齿鲨
Helicoprion

家族选手 ③ » 第192页

弓鲛
Hybodus

皱鳃鲨
Chlamydoselachus anguineus

家族选手 ④ » 第194页

鲨鱼
鱼类的
历史

新生代　　　　中生代　　　　古生代

现在　　　　　　　　　　　　　　泥盆纪

　　3亿年前的石炭纪是鲨鱼家族最为繁盛的时代，占到了当时鱼类的70%，而且形态多样，尤其奇特的是砧形背鲨。砧形背鲨是一种小型鲨鱼，诞生于泥盆纪后期，背鳍上有威风凛凛的装饰。同时出现的还有齿式奇特的种类，比如2亿5000万年前的旋齿鲨，其螺旋状排列的牙齿十分独特。它们能从口腔后部长出新牙，而前部的旧牙不会脱落，最后形成了这种轮盘状的齿环。

　　然而，生活在古生代如此独特的鲨鱼种类，在进入中生代后却几乎都灭绝了，存活下来的只剩下弓鲛类。弓鲛类鲨鱼在中生代白垩纪之前一度也非常繁盛，被认定为现生鲨鱼的祖先。

　　如今，形态各异的鲨鱼还在世界各地广阔的海洋中生活着，包括遗留着古生代祖先大量特征的皱鳃鲨，拥有鲸一般庞大体形、以浮游生物为食的鲸鲨，等等。

大白鲨
Carcharodon carcharias

鲸鲨
Rhincodon typus

家族选手 ⑤ » 第196页

宽纹虎鲨
Heterodontus japonicus

Cladoselache

裂口鲨

分类：板鳃亚纲 裂口鲨目

栖息地：**美洲**

　　裂口鲨生活在 3 亿 7000 万年前，是已知的最古老的鲨鱼祖先。目前，虽然人们发现了一些 4 亿 900 年前的古代鱼类化石，但由于这些化石分类不明，人们依然把裂口鲨认定为最早的鲨鱼。鲨鱼属于软骨鱼类，顾名思义，就是骨骼由软骨构成的鱼类。由于软骨难以形成化石，因此鲨鱼的具体诞生年代难以考证，但可以确定的是，鲨鱼的祖先一直生活在距今 4 亿年前或更早形成的水域里，是历史非常悠久的生物类别。虽然鲨鱼很难留下化石，但在美国的俄亥俄州和宾夕法尼亚州还是出土了较为优质的裂口鲨化石，裂口鲨也就此被认定为代表性的早期鲨鱼种。乍看之下，裂口鲨和现生鲨鱼在外貌上区别不大，但依然带有一些原始的特征，比如口的位置在头的前部，而非腹面。它们还有流线型的身体和发达的胸鳍、腹鳍，以及巨大的尾鳍，这些特征和现生鲨鱼一般无二，这表明泥盆纪的鱼类就已经拥有了卓越的游泳能力。或许，正是因为鲨鱼的祖先在诞生之初就拥有了这些特征，并将其传承了下去，才让鲨鱼类的繁荣延续了 4 亿年之久。

生存年代：

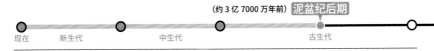

（约 3 亿 7000 万年前） **泥盆纪后期**

现在　　新生代　　　　中生代　　　　　　　古生代

就开始传承
从最古老的祖先
善于游泳的基因

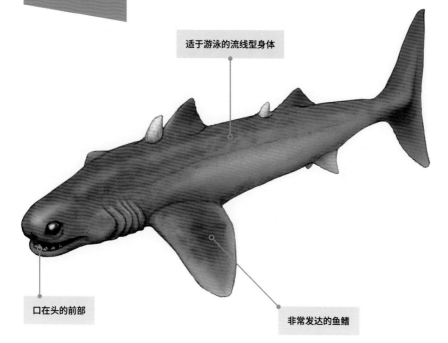

适于游泳的流线型身体

口在头的前部

非常发达的鱼鳍

全长：**2**米

Akmonistion

砧形背鲨

分类：**全头亚纲 西莫利鲨目 胸脊鲨科**

栖息地：**北美洲、欧洲**

裂口鲨（详见第188页）等早期鲨鱼祖先已经于泥盆纪登上了历史舞台，拉开了"鲨鱼时代"的序幕，而到了下一个地质时代石炭纪，"鲨鱼时代"才算开始，鲨鱼类达到了空前的繁荣。在这个时代，出现了多种大放异彩、充满个性的鲨鱼，其中一种就是砧形背鲨。砧形背鲨最引人注目的特征就是背部有一个铁砧一样的结构。这个"铁砧"由背鳍变形而成，上面居然还水平排列着好几排牙齿，一排排像锯齿一般。其实，鲨鱼的牙齿并非牙齿，而是一种软骨鱼类特有的鱼鳞，称为盾鳞，盾鳞逐渐向鲨鱼的口中移动并特化发育之后就变成了牙齿。这种鱼鳞和象牙一样覆有釉质，和其他鱼类的鱼鳞结构完全不同。换句话说，鲨鱼的整个身体就是被一层细小的牙齿包裹住的，所以鲨鱼皮才会有如此独特的粗糙手感。砧形背鲨不只有向口中移动的盾鳞特化发育，其背鳍上的盾鳞也发育变大了。因此，人们推测它们会利用背鳍上的牙齿来分开鱼群，削弱猎物，进行捕食。

生存年代：

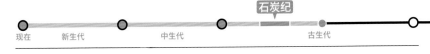

现在　　　新生代　　　　　中生代　　　　石炭纪　　古生代

排列着锯齿一般的牙齿，是它最强的武器

背部有铁砧一样的结构

将牙齿变成武器背在背上，是鲨鱼家族里数一数二的『个性化杀手』

全长：**70厘米**

Helicoprion

旋齿鲨

分类：**全头亚纲 尤金齿目 旋齿鲨科**

栖息地：**俄罗斯、北美洲、澳大利亚、日本等地**

　　研究鲨鱼化石的一大难点就是鲨鱼难以留下化石，但鲨鱼的牙齿容易石化，经常被发现，常常和三叶虫、菊石并称为"化石三神器"。旋齿鲨就是只留下了牙齿化石的一种鲨鱼。虽然只有牙齿化石，但它们以其独特的齿式垂名青史。旋齿鲨化石发现于世界各地，在日本宫城县的气仙沼市也曾出土过，其牙齿呈螺旋状，卷了三四圈。旋齿鲨的全貌到底是什么样子？这种牙齿是怎么长在口中的呢？这一切都不能确定。不同的研究者都有各自不同的假说，有人认为它们的牙齿是长在上颌上的，有人认为是和砧形背鲨（详见第190页）一样长在背鳍上的。但在2013年，美国爱达荷自然历史博物馆将旋齿鲨牙齿化石进行CT扫描后，发现岩石中还残存着上下颌的骨骼，这才证明它们的上颌没有牙齿，螺旋卷曲的牙齿长在下颌，同时由上颌的构造判定出它们不属于板鳃亚纲，而是全头亚纲的银鲛的亲戚。然而，这种牙齿到底有什么用呢？目前还没有答案。

生存年代：

二叠纪

| 现在 | 新生代 | 中生代 | 古生代 | |

珍奇的鲨鱼祖先
逐渐长出的新牙排列
成了螺旋状，是十分

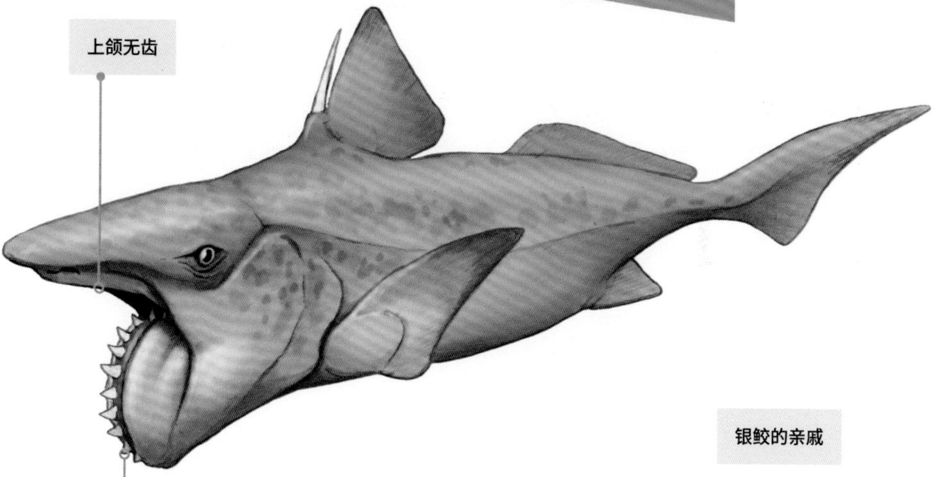

上颌无齿

银鲛的亲戚

下颌的牙齿呈
螺旋状卷曲

全长：**3米**

Chlamydoselachus anguineus

皱鳃鲨

分类：板鳃亚纲 六鳃鲨目 皱鳃鲨科

栖息地：太平洋、大西洋水深 500 ～ 1000 米的深海

皱鳃鲨是生活在水深 500 ～ 1000 米的深海鲨鱼，体形和大白鲨等普通鲨鱼很不一样，体长如蛇，有"拟鳗鲛"的别名。它们的吻部又短又圆，口的位置在头的前部，和生活在 3 亿 7000 万年前的裂口鲨（详见第 188 页）一样，有许多早期鲨鱼的特征，因此也被认为是十分古老的鲨鱼种。皱鳃鲨栖息的深海照不到阳光，是一片黑暗的世界，而且水压高、温度低、氧含量低，条件残酷，一般的生物无法生存，但这样的环境历经多个地质时代都不会发生什么变化，对已经适应这种环境的腔棘鱼、鹦鹉螺等动物来说，也许正是一片"乐土"。因此在深海，未经太大变化，依然保持着原始特征的"活化石"物种特别多，皱鳃鲨也是其中之一。不过，将皱鳃鲨的颅骨与其他现生鲨鱼比较，可以发现其颅骨与上颌骨连接的地方有相同的突起结构。这个突起与现生的角鲨类鲨鱼相似，所以可认定它们与角鲨类的祖先也有亲缘关系。

生存年代：

现在

| 现在 | 新生代 | 中生代 | 古生代 | |

生活在深海的『活化石』

生活在深度 500 米以上的深海

身体细长，又名拟鳗鲛

口的位置在头的前部

全长：**2 米**

Rhincodon typus

鲸鲨

分类：**板鳃亚纲 须鲨目 鲸鲨科**

栖息地：**全世界的温带海洋**

　　鲸鲨是体形最大的现生鱼类，最大的个体全长可达 20 米，重达数十吨。现生鲨鱼的口大都位于头部腹面，但鲸鲨在头部前端长着一张横向的血盆大口，不过其中只有几颗米粒般的牙齿。它们的背上长有 5～7 条隆起的皮嵴。通常，鲨鱼会给人残暴、凶猛的印象，鲸鲨却非常温柔，会用庞大的身躯在海中优雅地游来游去。它们会一边张着大嘴一边游泳，将小鱼和浮游生物随着海水一起吞下，再把鳃当筛子，把食物过滤出来吃掉。这种"滤食"的捕食模式，人们在须鲸等大型海洋动物身上也见到过。大型海洋动物与其拖着巨大的身躯追捕巨大的猎物，张着嘴悠然游荡，不如把无数浮游生物吞下肚去效率更高。鲸鲨主要以浮游生物为食，所以常常会出现在同样吃浮游生物的沙丁鱼身边。而这些地方，又总会引来以沙丁鱼为食的鲣鱼等大型鱼类，于是捕捞鲣鱼的渔民就会把鲸鲨当作显眼的路标。在日本，从古代起人们就把鲸鲨奉为神明，认为它们可以带来渔业丰产。

生存年代：

现在

现在　　新生代　　　　中生代　　　　　古生代

雅地在海中游泳
游生物，一边优
鱼，一边吞食浮
世界上最大的鲨

背部有隆起的皮嵴

随浮游生物一起吞下的
海水从鳃排出

张开大嘴游泳，
吞食浮游生物

全长：**13**米

来自俄罗斯的旋齿鲨化石，可以清楚地看到螺旋状牙齿的排列方式。

收藏于中国古动物馆的矛尾鱼标本（局部）。

珠峰中华旋齿鲨的齿旋化石。这种旋齿鲨是西藏高原三叠纪早期的旋齿鲨代表。

长兴中华旋齿鲨的齿旋化石。产地为浙江长兴，是浙江二叠纪晚期的旋齿鲨代表。

无尾目的赵氏辽蟾生活于早白垩世，是中国已知最古老的蛙类。

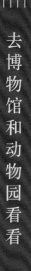

发现于山东的林蛙蝌蚪化石。

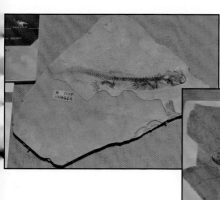

奇异热河螈（左）和天义初螈（右）
都是中国最早有尾类两栖动物的
代表。

B

半规管： 维持姿势和平衡有关的内耳感受器官。

变温动物： 随着周围温度的变化而变化体温的动物。

C

臭腺： 动物分泌恶臭液体的一种腺体。

臭氧层： 地球大气层中，臭氧浓度很高的层。臭氧层能吸收太阳照射到地表的有害紫外线，更易于生命从海洋迁徙到陆地。

侧对步： 身体一侧的前后腿同时离开地面迈步的行走方式。

D

单弓类： 属于脊椎动物，一类陆生的四足动物，据说是哺乳动物的祖先。

淡水： 河流或湖，含盐度极低的水。

顶级捕食者： 处于食物链顶层的生物。

盾鳞： 一种软骨鱼类特有的鳞片，由象牙质或釉质构成。

盾皮鱼类： 泥盆纪称霸水域的鱼类，有包裹身体的骨甲。

F

飞羽： 生物学鸟翼区后缘所着生的一列坚韧强大的羽毛，在振翅时挥动，拍击空气。

副蹄： 以鲸偶蹄类为例，指第二趾和第五趾，用以辅助主蹄，支撑不了体重。

G

高冠齿： 齿冠高度大于齿根高度的牙齿，相反还有低冠齿。

归巢性： 回到巢穴或出生地点的性质和能力。

孤雌生殖： 也称单性生殖，指卵不经过受精，单独的雌性发育繁殖。

H

海百合： 棘皮动物的一种，有众多化石，现在广泛分布在浅海和深海地带。

海牛类： 哺乳动物的一个分类，如在海里生活的儒艮和海牛等。

海退： 因海面下降或陆地上升，造成海水从大陆向海洋逐渐退缩的地质现象。

海绵动物： 属海绵动物门的动物总称，主要以热带海洋为中心，世界上的海洋都有分布。

喉囊： 部分鸟类整个下嘴的皮囊，可以伸缩，没有羽毛和体毛。

J

棘鱼类： 古生代繁荣，鳍前端有硬棘的原始鱼类，是最早的有颌类脊椎动物。

棘皮动物： 栖息在海里的一类无脊椎动物，如海胆和海星。有星状、球状、圆筒状和花状。成体五辐射对称，内部有许多碳酸钙骨板或骨片。

基因： 决定父母到孩子、细胞到细胞性质的因子。

奇蹄类： 马和犀牛等蹄脚数为奇数的一类哺乳动物。

脊椎动物： 动物门的一种，有背骨、脊椎的动物。

角质： 别称角朊，硬蛋白质的一种。

角龙： 一种鸟臀类恐龙，长有鹿角一样的角。

鲸偶蹄类： 长颈鹿和河马所属的偶蹄类，加上被证明和河马的亲缘关系更近的鲸类形成的新分类。

节肢动物： 体外覆盖外骨骼的动物总称，包括昆虫类、甲壳类、蜘蛛类、蜈蚣类，等等。

臼齿： 哺乳动物的一种牙齿，位于口腔后方，主要用来研磨和咀嚼食物。

菊石： 古生代志留纪末期（或泥盆纪中期）到中生代白垩纪末生存的一种无脊椎动物。特征是有平滑卷曲的壳。

锯齿： 像锯子一样，顶端参差不齐的牙齿。

L

领地： 动物个体或集体占有的场所。

卵黄囊： 妊娠初期，包有大量卵黄的袋状的膜。

滤食： 用触手或腮过滤鱼虾的取食方式。

M

门齿： 前齿。

猛禽： 有尖锐的爪子或嘴，捕食其他动物为食的鸟类的总称。

模式种： 生物分类学上用来代表一个属或属以下分类群的物种。

N

内海： 深入大陆内部，除了有狭窄水道跟外海或大洋相通外，四周被大陆内部、半岛、岛屿或群岛包围的海域。

O

偶蹄类： 蹄甲数为偶数（2 或 4）的一类哺乳动物，如长颈鹿、河马等。

Q

浅滩： 河流、海等水边的浅显地带。

犬齿： 哺乳动物的一种牙齿，圆锥形或钩形，十分尖锐，一般左右各有一个。

R

软骨鱼类： 由柔软的骨骼形成的比较原始的鱼类。

软体动物： 体柔软而不分节，一般分头、足和内脏、外套膜两部分。

S

三角洲： 河流带着大量泥沙沉积，在河口处形成的低洼平地。

三叶虫： 古生代代表的海生节肢动物。寒武纪出现，古生代灭绝，繁荣了 3 亿年。

蛇颈龙： 繁荣于中生代三叠纪到白垩纪的一种海生爬行动物。如名称所示多种蛇颈龙的脖子都
很长，不过也有脖子较短的品种。

食肉动物： 咬合力极强，有尖锐的犬齿，一类以捕食者特化的哺乳动物。

瞬膜： 保护眼球的一种透明、半透明膜。大部分爬行动物和几乎所有鸟类都有瞬膜，哺乳动物
中，猫和骆驼也有。

索齿兽： 大约一千年前灭绝的一类大型哺乳动物。圆柱形的牙齿组成臼齿，并以此为名。

T

偷猎： 非法捕猎动物。

W

吻部： 动物的口、唇周围等突起的嘴部结构。

无脊椎动物： 没有背骨、脊椎的动物的总称。

无盲肠类： 真兽类中最原始的一种哺乳动物，如鼹鼠、刺猬等。

X

现生： 现在还生存着。

嗅球： 处理气味分子的脑部组织。

Y

亚目： 在生物分类的特定场合中，目和科中间设定的小类别。

羊膜类： 也称有羊膜类，指脊椎动物在胚胎过程中产生羊膜（胎儿和包裹羊水的胚膜）的四足动物。

翼龙： 一种在中生代繁荣的大型爬行动物，有翼的类群的总称。

一雄多雌： 由一个雄性与多个雌性组成的集团。

硬骨鱼类： 骨骼为硬骨的鱼类，包括现存鱼类的绝大部分。

育儿袋： 有袋类雌性动物腹部养育胎儿的袋子。

鱼龙： 中生代分布广泛且繁荣的一类爬行动物。虽然是爬行动物，外表却像鲨鱼和海豚的分类。

有爪动物： 体呈蠕虫形，形态介于环节动物和节肢动物之间。

有胎盘类： 用胎盘生育胎儿的哺乳动物。

Z

紫外线： 源自太阳光，和大气中的氧气反应会形成臭氧。虽然紫外线有杀菌的效果，但过度照射会导致皮肤癌和火灾。

主蹄： 以鲸偶蹄类为例，指承担体重的第三趾和第四趾。

图书在版编目（ＣＩＰ）数据

我祖上的怪亲戚：灭绝与进化的动物图鉴 / （日）
川崎悟司著；吴勐译. -- 福州：海峡书局，2021.10（2024.1重印）

ISBN 978-7-5567-0860-4

Ⅰ.①我… Ⅱ.①川… ②吴… Ⅲ.①动物—图集
Ⅳ.①Q95-64

中国版本图书馆CIP数据核字(2021)第187269号

NARABETE KURABERU ZETSUMETSU TO SHINKA NO DOBUTSU-SHI
by Satoshi Kawasaki
Copyright © Satoshi Kawasaki 2019
All rights reserved.
Original Japanese edition published by BOOKMAN-SHA.
This Simplified Chinese language edition published by arrangement with BOOKMAN-SHA,
Tokyo in care of Tuttle-Mori Agency, Inc., Tokyo
Chinese (in Simplified characters only) translation copyright © 2021 by United Sky (Beijing)
New Media Co., Ltd.

著作权合同登记号：图字13-2021-82

出 版 人：林 彬　　　　　　　　特约编辑：王羽翯　庞梦莎
选题策划：联合天际·边建强　　　美术编辑：梁全新
责任编辑：李长青　刘毅攀　　　　封面设计：左左工作室

我祖上的怪亲戚：灭绝与进化的动物图鉴
WO ZUSHANG DE GUAI QINQI: MIEJUE YU JINHUA DE DONGWU TUJIAN

作　　者：（日）川崎悟司
译　　者：吴勐
出版发行：海峡书局
地　　址：福州市白马中路15号海峡出版发行集团2楼
邮　　编：350001
印　　刷：北京雅图新世纪印刷科技有限公司
开　　本：880mm×1230mm，1/32
印　　张：6.5
字　　数：100千字
版　　次：2021年10月第1版
印　　次：2024年1月第5次
书　　号：ISBN 978-7-5567-0860-4
定　　价：58.00元

关注未读好书

客服咨询